国家社科基金（16BJY106）项目资助出版
内蒙古财经大学资助出版

基于持久粮食安全的耕地轮作与粮食保护价改革及配套政策研究

倪学志 著

中国财经出版传媒集团
中国财政经济出版社

图书在版编目（CIP）数据

基于持久粮食安全的耕地轮作与粮食保护价改革及配套政策研究 / 倪学志著. --北京：中国财政经济出版社，2022.11

ISBN 978-7-5223-1736-6

Ⅰ.①基… Ⅱ.①倪… Ⅲ.①休耕-轮作-研究-中国②粮食-保护价格-经济政策-研究-中国 Ⅳ.①S344.1②F323.7

中国版本图书馆CIP数据核字（2022）第199343号

责任编辑：葛　新　　　　责任校对：张　凡
封面设计：陈宇琰　　　　责任印制：史大鹏

基于持久粮食安全的耕地轮作与粮食保护价改革及配套政策研究
JIYU CHIJIU LIANGSHI ANQUAN DE GENGDI LUNZUO YU LIANGSHI BAOHUJIA GAIGE JI PEITAO ZHENGCE YANJIU

中国财政经济出版社 出版
URL：http：//www.cfeph.cn
E-mail：cfeph@cfeph.cn

社址：北京市海淀区阜成路甲28号　邮政编码：100142
营销中心电话：010-88191522　编辑部门电话：010-88190666
天猫网店：中国财政经济出版社旗舰店
网址：https：//zgczjjcbs.tmall.com
北京财经印刷厂印刷　各地新华书店经销
成品尺寸：170mm×240mm　16开　9.5印张　150 000字
2022年12月第1版　2022年12月北京第1次印刷
定价：58.00元
ISBN 978-7-5223-1736-6
（图书出现印装问题，本社负责调换，电话：010-88190548）
本社质量投诉电话：010-88190744
打击盗版举报热线：010-88191661　QQ：2242791300

前　　言

本书以粮食保护价为主导视角，并考虑其他配套激励政策，对如何实现耕地轮作常态化做了较为全面的研究。本书包括三大主题内容，一是耕地轮作与我国持久粮食安全之间的关系研究；二是粮食保护价与耕地轮作抑制及其改革策略；三是影响耕地轮作的非保护价因素及其配套政策研究。第一大主题内容的研究成果为第二大主题内容、第三大主题内容分别提供立题基础、基础数据、基础资料和理论前提。第二大主题内容与第三大主题内容为递进并列关系。

第一大主题内容为耕地轮作与我国持久粮食安全之间的关系研究。首先，从耕地轮作的含义出发，从生物学层面探讨了耕地轮作的生态作用机理。得出如下主要结论：耕地轮作具有保护土地质量、提高土地肥力、减少病虫害与杂草、充分利用水分和营养，进而具有提升农产品绿色品质、提高农作物单产以及减少农业面源污染等生态和经济效应，耕地轮作是解决农业生态问题的治本策略，耕地轮作是保证持久粮食安全不可或缺的手段。其次，依据耕地轮作模式特征探讨了与之相适应的粮食安全观和粮食安全战略，提出了粮食安全结构观及“综合粮食”自给率战略。耕地轮作所要求的农作物种植结构多样性要求我国在粮食安全观念上必须从以往单一考虑谷物及口粮自给率转向以谷物自给率为基础并兼顾农业种植结构基本安全这两个层面上来，也就是“综合粮食”自给率战略。最后，分析了我国目前综合粮食自给率水平、谷物自给率水平、主导耕地轮作模式及现状，以及各粮食主产区将来耕地轮作模式的发展方向。得出如下主要结论：谷物自给率与综合粮食自给率存在一定程度的此消彼长关系，从总量上看，目前我国谷物中的口粮供给处于绝对安全状态，小麦和稻谷自给率均在100%以上，玉米略低，但其自给率也接近99%。而综合粮食自给率仅为85%。相对应的油料自给率较低，仅为40%，大豆自给率仅为15.4%。从轮作程度上看，整体明显偏低，三大粮食主产区长江流域最高，其次为华北平原，东北平原最低。通过估算，长江流域轮作比例在30%－35%；河北省轮作比例为25%，山东省轮作比例为24%，河南省轮作比例为30%；东北地区吉林省轮作比例在5%－10%，黑龙江省轮作比例在20%－30%。今后东北平原、内蒙古地区应推行以玉米、水稻与大豆或者大豆与小麦为主导的轮作方式，辅助玉米、水稻与小麦、青饲料等轮作。华北平原应推行粮食作物与豆科作物或者与青贮玉米、苜蓿等青饲料轮作。长江流域推行水稻与油菜、绿肥等轮作。

基于耕地轮作具有较大生态作用及目前我国耕地轮作程度较低的原因，并依据我们的一个直观判断：现行的粮食保护价政策是阻碍耕地轮作的关键原因。因此，第二大主题内容为粮食保护价与耕地轮作抑制及其改革策略，主要包括四个方面的内容。一是对粮食保护价的执行情况进行了详细分析。本书把粮食保护价实施划分为两个阶段。2004－2014年为持续提高托市价格阶段，收购价刚性持续上涨。三大主粮收购价稻谷的上涨幅度最大，累计提高90%以上；小麦次之，累计60%以上；玉米50%以上。2015－2019年为降低或者取消托市价格，并同步推行生产者补贴政策阶段。二是实证分析了我国目前粮食最低收购价政策对耕地轮作的影响。实证结果表明，以往持续上涨的保护价在刺激粮食种植面积增长的同时抑制了与其轮作作物的种植，从而抑制耕地轮作。具体统计结果表明，持续上涨的粮食保护价致使粮食与轮作油料作物的种植面积呈现持续相反的增减关系，并没有出现轮作应该出现的粮食种植面积在轮作年份间断性地有所下降、轮作作物油料种植面积在轮作年份间断性有所上升的变化关系；从竞争作物种植面积趋势图上看，目前玉米生产者补贴政策对玉米与大豆的轮作仍有一定程度的抑制作用，目前下调的粮食最低收购政策加之生产者补贴政策也没有使粮食常年连作的情况得到根本性扭转。而计量实证也精确地表明，政府保护价对粮食主产区农户的粮食种植有显著的正向激励效应，其中玉米种植效应最为显著，水稻次之，小麦最小。三是对粮食保护价抑制耕地轮作的理论机理及其如何修正进行了详细分析。得出如下主要结论：粮食产量与价格之间按其自身规律发生的负反馈互动关系，使粮食市场表现出来的“两丰一欠一平”与“谷贱伤农”现象可以较好地促成耕地轮作，而政府持续上涨的最低收购价打破了粮食市场应有的一定程度的“谷贱伤农”现象，进而抑制了耕地轮作。为了促成耕地轮作，需要让市场机制在粮食市场中真正充分发挥其调节作用。实现“价补分离”并不是粮食最低收购价改革的本质，把“价格交给市场来决定”也不是其本质，二者只是前提条件，而是需要考虑“最低收购价+补贴”产生的“组合”干扰市场效应。具体而言，应取消针对三大主粮的特定品种补贴政策，且最低收购价不能大于粮食生产成本。四是对粮食收储制度的对应性改革进行了分析。总体上提出：构建以粮食加工企业为主体、产储加销一体化、全产业链的粮食收储和流通体制，让粮食收储不再是为了收储而收储，而是为了直接加工而收储。

由于除了关键因素保护价影响粮食与其他作物轮作外，还有诸如需求限制和售卖风险等因素也会影响农户轮作作物的种植。因此，第三大主题内容为影响耕地轮作的非保护价因素及其配套政策研究。在设定保护价对耕地轮作无影响的条件下，结合第一大主题内容的研究成果，本部分具体内容包括两个方面：一是耕地轮作常态化的粮食种植结构特征、粮食质量品质特征与其市场制度要求及其现实状况分析；二是促进耕地轮作常态化的策略分析。本部分主要研究结论如下：保证足够的油料自给率和实现绿色食品“优质优价”是耕地轮作常态化的两个基本要求；转基因标签制度对促进农民非转基因油料种植的作用较小；在生产环节鼓励油料种植的“价补分离”政策其作用效果也不是十分显著；目前我国油料产业竞争力弱主要是种植成本高从而价格较高造成的，单纯的补贴不足以从根本上使我国油料产业摆脱国际竞争力较弱的被动局面，提高单产和降低生产成本是实现粮油轮作常态化的关键；应通过采取进口配额及相应提高关税、使用技术性和检疫性保护措施来减弱进口大豆的竞争力；适当开放玉米市场，适当增加玉米配额数量，以此下拉国内玉米价格，从而刺激玉米减产和大豆增产。而要实现绿色食品优质优价，首先，要制定出能与常规食品明显区分开来的绿色食品标准，无论在产品检测上还是在生产过程控制上，都要制定出可操作性的绿色食品产品营养品质、卫生品质及其对应在种养殖过程中进行化学合成物投入品使用时的数量界限。其次，要推进绿色食品认证机构的社会化和市场化，将认证机构改造为独立于政府农产品质量管理和监督机构的第三方。

作者

2022 年 5 月

目　录

第1章 绪论

1.1 选题背景及总体文献回顾

1.1.1 选题背景

1. 几个基本概念内涵的界定

粮食、持久粮食安全、保护价以及耕地轮作是本书研究的四个基本概念。

(1) 粮食。粮食在国外的统计口径中是指小麦、水稻和玉米三大谷物。粮食在我国的宽口径统计中包括谷物、豆类和薯类三大类。而谷物又包括稻谷、小麦和玉米三类，其中稻谷和小麦在我国目前被定义为口粮[①]。本书所

① 口粮是一个动态概念，它随着人们生活水平和消费结构的改变而改变，中华人民共和国成立之初直到改革开放的初期，由于经济发展较为落后，玉米和薯类在当时还被当作口粮来消费，在20世纪60年代末薯类产量达到最高值时，其产量占粮食产量的比重达到了16.6%。但随着人们收入和生活水平的提高，伴随着的食品消费结构的改变，薯类产品和玉米逐渐从口粮中分离出来，分别成为了蔬菜类和饲料类作物，玉米目前只有10%左右作为口粮用途。而近些年政府又有意把马铃薯开发和培养成主粮，即把马铃薯加工成全粉使其成为居民餐桌上的主食。如果马铃薯被开发为口粮必将对我国解决粮食安全和促进耕地轮作产生积极的影响。同时，由于陈旧等原因也有极少部分口粮稻谷和小麦用作饲料的情况。

研究的“粮食保护价”中的“粮食”是指稻谷、小麦和玉米，即通常我们所说的三大主粮，也就是通常意义上的“粮食”。我国政府官方所确定的粮食安全目标是“谷物基本自给、口粮绝对安全”，也就是说，稻谷和小麦的自给率不低于100%，谷物包括玉米的自给率不低于95%。

（2）持久粮食安全。“粮食安全”的最初概念由联合国粮农组织（FAO）于1974年在世界粮食大会上提出，事实上联合国粮农组织并没有直接提出“粮食安全”概念，而是提出“食物安全（Food Security）”概念。食物安全的内涵比粮食安全的内涵更宽泛。后来我国在翻译和使用中把食物安全简化为了“粮食安全”。随着粮食安全形势的不断改变，目前对粮食安全的基本内涵已基本达成一致，这一概念现在涵盖了数量安全、价格安全、质量安全三个层面。即在1996年世界粮食峰会上所明确的：“粮食安全”是指“在任何时候，所有人都能买得起并能够买得到足够的、安全和营养的食物，以满足日常饮食需求和偏好，并保证积极和健康的生活”①。由于我国是一个人口大国，我国粮食安全的概念更注重粮食的自给。本书所说的粮食持久安全强调的是粮食安全的可持续性，即能保障粮食数量安全的长久性，这就意味着我们不能为了获得短期的过度粮食数量安全而过度耕种土地、大量使用化肥和农药，进而造成土壤退化、耕地质量严重下降、耕地产出下降、农业面源污染严重，最终威胁未来的粮食数量安全。因此，我们所说的持久粮食安全实质是要“藏粮于地”，而不是“藏粮于仓”，要避免过度关注与粮食增产相关的粮食安全指标，更要避免过度的政府粮食储备，要在短期粮食数量安全“紧平衡”与保障良好耕地质量水平之间寻找一个平衡措施，以保障粮食供给的长久安全。同时，耕地质量越高其产出的粮食品质也越高，所以从这个意义上讲，持久粮食安全也包含粮食质量安全的内涵。如果要给持久粮食安全确定一个明确的定量状态的话，我们认为可以设为这样一种状态：既能满足口粮的“基本自给”，又能使我国粮食生产中化肥和农药的使用量降到国际安全标准线以下，或者至少达到国际安全水平标准。

① 武拉平．新时代粮食安全观的新特点和新思维［J］．人民论坛，2019（32）：30－31.

（3）保护价。粮食的政府收购价在取消统购统销开始粮食市场化改革之后的20世纪90年初到2004年之前都被称为粮食保护价，是政府为了保证粮食生产和避免农民卖粮难而对三大主粮稻谷、小麦和玉米制定的政府收购最低价。从2004年起政府全面放开国内粮食购销市场，对三大主粮的保护价政策进行了分类施策和管理，稻谷和小麦改为长年收购和长期最低收购价，玉米改为临时收购和临储收购价，从此保护价失去了其原本的政策意义，也同时分别被最低收购价和临储价代替。另外，我国近些年实施的目标价格实际上也属于保护价范畴，但目标价格的实施并没有涉及三大主粮。为此，本书所指的保护价是其字面意思，具体指的是稻谷和小麦的最低收购价与玉米的临储收购价。同时，无论是最低收购价还是临储收购价都是政府制定并实施的，因此通常又把二者统称为政府收购价，我们在下文的分析中，当遇到合并的问题时也会使用政府收购价这一概念，这时政府收购价就代替了保护价。

（4）耕地轮作。耕地轮作是指在同一地块上按顺序轮换种植不同种类作物或轮换采用不同复种方式的种植模式，就是农民通常所说的换茬和倒茬种植。不过本书所要实现的并不是“最优的”轮作制度，只是要实现一个“次优的”、长期性的基本耕地轮作。比如，玉米与大豆的最优轮作间隔是2年，而我们能实现每隔3年或者4年轮作一次即可。如此“次优的”耕地轮作对我国粮食产量的影响程度并不是很大。因为，毕竟我国要优先满足一个人口大国的谷物尤其是口粮的基本自给。因此，本书的耕地轮作具体是指“次优的”、长久性的、常态化的基本耕地轮作，而不是完全的、最优的耕地轮作。

2. 我国目前推行耕地轮作制度的迫切性

目前面临的资源环境压力与农产品结构性短缺这两大相互紧密联系的农业问题迫切要求我国要推行耕地轮作制度。我国过去几十年所采取的密集、过度使用化肥和农药等化学合成物的粗放型农业生产方式，致使我国农业资源消耗和污染排放已经逼近承载极限。耕地肥力普遍下降，土壤板结严重。其中中国主要“粮仓”东北黑土地土壤肥力下降更为明显，松辽平原的黑土地黑土腐殖层厚度已由 20 世纪五六十年代的平均 60 – 70 厘米，下降到现在的平均 20 – 30 厘米[1]；华北地区地下水严重超采，地下水位下降明显；农业面源污染赶超了工业污染；农业发展面临不可持续性的挑战。因此，我国并未摆脱粮食安全威胁，只不过是短期内通过密集过渡型石化农业将粮食安全问题转化为了生态安全和食品安全问题。

目前我国农产品结构性短缺问题也较为突出，主要表现为粮、经、饲、草结构不合理。稻谷、小麦两大口粮产能存在一定程度的过剩，而大豆、薯类、花生、油料作物等辅粮缺口较大。一方面是主粮库存积压严重和秸秆焚烧浪费；另一方面是青贮玉米、苜蓿等优质饲草料生产和供给严重不足。大豆供给的 80% 来自国外进口。粮食自身供给结构也不尽合理，一方面是粮食"大路货"积压过剩；另一方面是优质和专用粮食供给缺口明显。其中优质绿色食品供给短缺问题更为明显，无法适应和满足人们日益扩大的绿色食品消费需求，近几年我国居民热购国外高价生态大米就是一个有力的例证。

而耕地轮作是解决上述两个突出问题的关键措施。这是因为耕地轮作是一种用地养地相结合的生物学措施，是我国传统生态农业的一种典型耕作制度，目前也被世界各国普遍采用。耕地轮作作为一种"内源性"生态农业技术①，其可以增加土地自身肥力，减少化肥的使用，并且不同作物的不同土壤理化环境又能减少农作物的病虫害，减少农药使用，从而维持了耕地肥力，减少了农业污染，并提高了农产品品质。因而，耕地轮作是解决目前我国农业资源环境问题进而实现粮食持久安全的关键"治本性"措施之一，并且具有其他途径无可替代的作用。所以本书的研究观点是，我国在治理农业面源污染上如果还是只关注生产过程本身的绿色化而不配之轮作制度，长久下去将会面临更大的农业面源污染风险，二者一定程度的反向关系我们将在后文进行更为详细的分析。实际情况也证实了这一观点。赵明正等的研究表明，最近几年政府的化肥农药"零增长"行动使化肥的施用总量有所降低，但基本事态远没有达到改观的状况。并且具体的实证研究也表明，近几年化

---

① 内源性生态农业技术是指不破坏农业生态系统自身自然平衡的农业技术，即通过农业自身及其与自然环境的物质能量循环而实现的农业生产的农业自然技术，从而不需要"外来"物质和"外来"技术参与的农业技术。

肥施用总量的降低主要归功于果树、蔬菜等园艺作物施肥强度的下降，相反粮食作物的施肥强度仍在提高[2]，我国农业发展依靠资源消耗和大量化学物质的生产方式未能得到根本性改变，2019 年我国化肥使用量仍是世界平均水平的 2.7 倍，而农药的使用量是世界平均水平的 3.3 倍。化肥农药“零增长”行动①只是针对生产过程本身的减量措施，当然生产过程本身的化学投入品减量措施更是必不可少的。同时，耕地轮作也是农业种植品种的周期性调整过程，所以也是一个增加短缺农产品的有效供给过程。然而，目前我国耕地轮作比例较低，相反耕地常年连作成了主导。

3. 现行的粮食保护价政策是阻碍耕地轮作的主要原因

耕地轮作能否实现是由农户种植行为直接决定的。农产品的（预期）价格是影响农户种植行为决策最为关键的因素。政府的粮食保护价政策将会通过价格和预期价格的互动作用影响农户的粮食种植行为。而政府粮食保护价的不同实施模式会对耕地轮作和粮食安全产生不同的影响，因而我们需要辩证地思考粮食保护价问题。我们对以往的政策逻辑是粮食保护价促进了粮食生产和粮食安全。的确，单从粮食产量贡献上看，实践证实了上述逻辑，自从 2004 年以来，粮食保护价对粮食增产和保障粮食安全起到了重要作用，保证了粮食产量的“十六连增”。但目前这种过于偏向粮食生产的“单一、刚性”保护价政策严重地抑制了耕地轮作，这是因为风险厌恶的农民会常年选择耗水、耗肥量比较大的保护价范围内的粮食作物进行连作生产，从而抑制了主粮作物与其他作物的适当轮作，进而产生了土壤退化、耕地质量下降、面源污染加大等严重的农业生态问题，同时反过来又影响了粮食持久安全。结果，粮食保护价促进粮食安全的逻辑在当前的保护价实施模式和农业发展形势下面临严峻挑战。然而，由于粮食保护价政策在我国这样的人口大国具有保证粮食安全的“底线性”和“保底性”支持政策地位，所以短期内还不能完全放弃这一政策。因而如何改革现行的粮食保护价政策以促成耕

---

① 化肥农药“零增长”行动是指农业部在 2015 年开始启动实施的《到 2020 年化肥使用量零增长行动方案》和《到 2020 年农药使用量零增长行动方案》。提出力争到 2020 年主要农作物生产化肥和农药的使用量实现“零增长”。

地轮作就成为我国目前农业发展需要解决的重要课题之一。

4. 非粮食保护价因素即配套政策在促成耕地轮作常态化中的必要性

除了粮食保护价因素影响耕地轮作外，粮食作物与轮作作物的产量、成本和收益比较、轮作作物的自然灾害风险、轮作作物的机械易于推广程度、政府的非价格支持政策，如科技支持政策、轮作作物面临的贸易条件和贸易政策，以及轮作作物在现有市场和产业条件下所面临的需求限制和售卖风险等因素也是阻碍耕地轮作的重要因素。因此，为了更加有效地促成耕地轮作，对这些配套激励政策的研究也是必要的。

鉴于以上现实和逻辑背景，从现行粮食保护价实施方式的耕地轮作视角，如何修正粮食保护价及其实施方式和制定其他配套鼓励政策以促使耕地轮作常态化的系统性研究，便构成了当前我国农业发展中急需解决的课题之一。本书就是对这一问题做出探索性的研究。

1.1.2 总体文献回顾

与本书研究直接相关的文献包括三个方面：耕地轮作、粮食安全和粮食保护价。

以往关于耕地轮作的研究集中于农学等自然科学，是我们需要借鉴的跨学科知识。由于最近几年国家耕地轮作休耕制度试点政策的实施，关于耕地轮作研究的社会科学视角成果也开始出现，但成果较少。研究成果大致分为三类：第一类是国外经验的简单描述性介绍[3]；第二类是宏观和理论层面研究，主要包括对我国以往耕地轮作制度与实践的历史经验总结[4]，以及理论层面的如耕地轮作与土地三权分置、农业供给侧改革的关系的分析[5]；第三类为具体层面研究，包括局部具体地区如对江苏、江西、西南山区、东北冷凉区等[6]、[7]，特定轮作种类如粮豆轮作[8]。这三类研究成果中经验类成果和具体地区类成果，由于只是描述性的介绍和针对特定地区，所以给我们提供了一些粗浅的思路。特定种类的研究成果较为深刻，但这类文献几乎都是针对耕地轮作试点政策实施效果方面的研究，从而研究成果只是试点政策本身的边际性改进研究，并没有对政策本身的缺陷进行反思，也没有对政策是否具有可持续性进而是否能实现耕地轮作的常态化进行分析，最为重要的是这三类研究都没有与粮食最低收购价联系起来。

关于粮食安全方面的研究文献较多，第一类是工业化、城镇化、气候变化、农业生产老龄化、农民分化、农业适度规模经营、粮食国际贸易和跨国生产、国际农业垄断资本等宏观层面的研究，其中粮食国际贸易状况研究[9]与本书研究内容具有直接关系，是我们研究主要的借鉴部分；第二类是粮食安全观讨论[10]、粮食安全状况评价[11]、粮食安全与农业产业结构关系[12]的分析等中观层面的研究，这一部分关于粮食安全内涵及其安全现状的评价等成果是本书研究主题之一持久粮食安全内涵可借鉴的理论基础；第三类是微观层面的关于过度耕种即过度使用化肥农药所造成的耕地土壤退化、农业面源污染严重等生态破坏进而造成的粮食质量安全和粮食数量的持久安全问题研究[13]、[14]、[15]。这类研究成果是本书研究主题耕地轮作的现实背景依据和前提，正是粮食主产区所面临的巨大资源环境压力迫切要求我国要实施耕地轮作策略。由于以往面对农业资源环境压力，政府和理论界几乎把精力都集中于粮食种植过程自身的“边际思考”研究上，而忽视了具有“治本”意义的耕地轮作的研究。因此，这部分研究成果为我们提供了研究的背景知识基础。

关于粮食保护价方面的研究成果也较多。可以把关于保护价的研究文献分为两个阶段：2014 年之前和 2014 年之后，2014 年之前主要讨论的是保护价的初衷、定价和实施机制、保护价积极作用和负面影响，以及如何对保护价进行“微调”等方面的研究。由于不断提高的保护价的累积负面效应，从而导致粮食市场发生巨大变化及相应政府政策的较大调整，2014 年以后相关文献主要讨论的是新一轮玉米、大豆、油菜籽收储制度或者目标价格的颠覆性改革及其效应，以及稻谷及小麦最低收购价“逆向”改革，即降低后的效应和如何进一步改革的研究。这部分研究内容也是我们研究的核心主题，所以这部分成果是我们研究最需要借鉴的部分。尤其是前期关于粮食保护价增产效应的计量实证分析的研究方法和 2014 年之后玉米取消临储收购改革和谷物最低收购价下调改革的研究成果对我们的研究更有帮助和启示。但概括起来讲，这些文献鲜有和耕地轮作直接联系起来，只是最近两三年内有极少数文献在研究其他主题时偶尔提到了三大主粮的保护价抑制了其他辅粮作物的种植，但这几篇仅有的文献也只是“一带而过”，也限于粗略描述层面，而没有进行十分有效的研究。另外，由于我们开展耕地轮作研究的起因是由于实施粮食保护价引起了对农业生态的破坏，即本书研究的最终目地是解决农业生产面临的生态危机。国内也有少数学者直接讨论了粮食保护价对农业生态产生的破坏问题。其中，学者刘培生发现粮食保护价政策对耕地肥力的维护及农业生态环境保护作用不足[16]；学者向涛等指出政府为了粮食安全而采取的粮食补贴政策增加了化肥使用强度，从而造成了严重的农业面源污染[17]。但这些文献同样也没有和耕地轮作联系起来。

关于配套政策研究方面的文献，这类文献多是那些没有和粮食保护价与耕地轮作直接联系起来、单独研究如何促进大豆、油菜、牧草等与粮食轮作作物发展的文献，主要研究轮作作物的生产、需求和消费前景、对外贸易等内容。这样的研究内容有时也会在研究大豆和油菜临储价改革的内容中被提及，但只是描述性信息提示，没有进行原因和具体对策的深入研究，因此也只是起到“发现问题”的提示作用。这类文献中较多的是直接分析了粮食轮作作物如何实现产业发展和产业强大，以及这些作物所面临的贸易政策和贸易条件。具有代表性的文献和观点有：学者王明利提出了推动苜蓿产业发展从而全面提升我国奶产业发展升级的观点[18]；学者倪洪兴等在开放的国际市场条件下讨论了我国大豆产业发展问题[19]；学者熊秋芳、文静等认为推进我国油菜产业发展的关键在于科技创新[20]；朱晶、李天祥等的研究认为我国目前农产品进口无论是品种还是进口地区分布都过于集中，我国应该实行多元化的进口体系，以降低农产品贸易风险[21]；王文涛、王富刚提出了我国应适度限制大豆进口以起到一定程度保护国产大豆和促进国产大豆产业发展的作用[22]；等等。这类文献能给我们提供研究具体粮食轮作作物更为全面、具体的产业发展信息，但鲜有文献直接与耕地轮作挂钩。另外，这类文献还有一个缺陷，其对现行产业政策改革的研究几乎都是针对政策本身的边际性改良研究，并没有对政策本身缺陷，以及政策是否具有可持续性，进而是否能实现耕地轮作的常态化做出更为反思性和批评性研究。

1.2 本书的主要研究内容及研究思路

本书共5章，其中三大主题内容分别对应第2章、第3章、第4章，第1章为绪论，第5章为研究结论。

第一大主题内容为耕地轮作与我国持久粮食安全之间的关系研究，即第2章所阐述的主要内容。具体包含四个部分，第一部分，耕地轮作的特征与作用。主要讨论耕地轮作的含义、生态作用及其对持久粮食安全的意义。第二部分，耕地轮作与新粮食安全观。主要分析耕地轮作对粮食安全观内涵的修正。第三部分，我国粮食安全的现状判断。从我国主要农产品供求现状，粮食、饲料、油料的比例现状，国内粮食需求趋势，以及我国粮食国际贸易状况及面临的贸易条件等方面展开研究。第四部分，耕地轮作的现状及其改进方向。三大粮食主产区东北平原、华北平原、长江中下游平原是我国耕地密集使用程度最大、农业生态受到最大破坏的地区，因而也是耕地急需修养的地区，为此以这三大粮食主产区为主体进行研究，并对这三大粮食主产区耕地轮作现状及其改进方向进行了分析。

第二大主题内容为粮食保护价与耕地轮作抑制及其改革策略，即第3章所阐述的主要内容，这部分内容是本书的重中之重。具体包括四个部分，第一部分，现行粮食保护价政策执行情况分析。主要从粮食保护价的初衷、实施机制、实施水平与变化趋势、实施历程、实施特征等方面进行了研究。第二部分，粮食保护价对耕地轮作影响的实证分析。这部分从统计学和计量经济学两个实证角度对粮食保护价对耕地轮作的影响进行了分析。统计学角度又分二个层面，分别是粮食保护价对每个粮食品种全国总的种植面积与单个执行区种植面积的影响；粮食最低收购价对执行区和非执行区粮食种植面积影响的对比分析。而计量经济学层面，依据农户供给行为理论和价格预期理论建立粮农供给行为模型，在粮食最低收购价刚性提升假设下，利用执行区三大主粮的统计年鉴数据，实证分析了怎样的最低收购价的价格预期作用导致了粮农的长期连作种植行为，并对相应的“作用”程度做出计量实证检验。第三部分，粮食保护价抑制耕地轮作的理论机理分析及其对粮食保护价的修正。首先，主要利用供求机制、弹性价格机制、价格预期、农户生产行为等理论对粮食保护价对耕地轮作抑制的机理进行了分析。其次，具体包括，粮食保护价修正的总的原则，即依据以往国内外粮食保护价的制定与实践经验、价格、成本、市场机制等理论来确定促成耕地轮作的粮食保护价原则；三大粮食主产区不同轮作模式的具体粮食保护价修正对策，即按东北平原、华北平原、长江中下游平原三大不同粮食主产区的不同主导轮作耕作模式，提出对应的粮食最低收购价改革具体措施。第四部分，粮食收储制度的对应性改革研究。这一部分主要利用产业链理论、信息经济学理论、国有企业改革理论对如何构建以粮食加工企业为主体、产储加销一体化、全产业链的市场化粮食收储和流通体制进行了分析。

第三大主题内容为影响耕地轮作的非保护价因素及其配套政策研究，即第4章所阐述的主要内容。具体包括两个方面：一是耕地轮作常态化的粮食种植结构特征、粮食质量品质特征与其市场制度要求及其现实状况分析；二是促进耕地轮作常态化（即促进粮食结构合理化及粮食绿色品质市场化）的策略分析。这部分研究在假定粮食保护价对耕地轮作无影响的条件下（即或者取消了粮食保护价如取消了玉米临储收购，或者采取了适当的粮食保护价措施使其“顺应”了合理的耕地轮作），利用生态农业、信息经济学、激励相容、绿色认证等理论，结合以往实践经验与实地调查结果对如何实现耕地轮作常态化进行了系统分析。

本书的基本研究思路是：由于本书的终极目标是持久粮食安全，而与持久粮食安全直接相关的是耕地轮作，所以本书从分析持久粮食安全与耕地轮作的关系开始着手研究，即第一大主题内容；而耕地轮作又主要受粮食保护价的影响，所以我们着重讨论了粮食保护价与耕地轮作及其改革策略，即第二大主题内容，从中发现了现行粮食保护价对耕地轮作的影响及其背后的原因机理，为了使粮食保护价顺应耕地轮作要求，我们还对粮食保护价政策如何修正进行了研究。同时，耕地轮作还受非保护价因素的影响，因此最后对影响耕地轮作的非保护价因素及其激励政策进行了研究，即第三大主题内容。第一大主题内容的研究成果为第二大主题内容、第三大主题内容分别提供基础数据、基础资料和理论前提。第二大主题内容与第三大主题内容为递进并列关系。各大主题内容各个部分之间的逻辑关系已在各大主题研究内容描述中予以体现。

1.3 本书研究创新及不足

1.3.1 研究创新

（1）新的研究视域与研究视角。以往对耕地轮作的研究几乎集中在植物学、土壤学等自然科学领域，从社会科学角度的研究较为少见，而在经济学领域把耕地轮作作为研究视角的更为鲜见，更不用说进行深入系统的研究了，最近两三年有极少的研究只是针对耕地轮作试点政策的特殊案例研究，缺乏一般意义，本书对如何实现耕地轮作常态化做了系统性和详细性的研究，扩展了新的研究视域。我国目前粮食生产所面临的资源环境压力较大，以往研究集中于对粮食种植过程自身的生态环境友好措施的“边际分析”研究，而从如何实现耕地轮作角度的研究几乎是空白；同时我们意识到了以往粮食保护价政策的使用不当是耕地轮作受到抑制的主要原因，而以往关于粮食保护价和耕地轮作的研究都是独立的、分开的、各自的研究，没有直接联系起来，为此本书选择从粮食保护价与耕地轮作之间的关系视角来研究这一问题，从而开启了研究生态农业的新视角。

（2）理论分析与实际调查的充分、完全紧密结合。理论分析与实际调查相结合是学术研究的必然要求，本书基本做到了对每个环节、甚至每个细小问题都进行了实际调查，有些典型的地区甚至实地调查多次，这样每个问题的研究都争取做到了有理有据。因此，尽管本书没有关于某个方面的大宗调查数据，但每个问题的分析无不有多点微观数据和典型案例的支撑。

（3）为分析实现耕地轮作常态化提供了一个一般性的基本思路。由于在目前我国新的农业发展环境下，如何实现耕地轮作常态化的研究是一个重新开启的新问题。本书从耕地轮作的内涵出发推理出耕地轮作常态化所要求的粮食种植结构特征及其产出的粮食质量品质特征，进而推导出相应的市场制度要求和政府激励政策。这样的一个推理思路为以后研究耕地轮作常态化提供了一个具有较大借鉴意义的基本逻辑框架。

（4）新的观点。本书提出了如下新观点：粮食安全指标要从谷物自给率改进为宽口径的综合粮食自给率；为了改变目前大豆进口“一支独大”的生态被动局面，提出了把只大量进口大豆分解为既进口大豆又进口玉米的双进口模式；粮食市场有一定程度的“谷贱伤农”现象是有益的；实现“价补分离”并不是粮食最低收购价改革的本质，要看“价补分离”后的生产者补贴加收购价的组合效应；应取消针对水稻、小麦和玉米三大主粮的特定品种补贴政策；稻谷和小麦的政府最低收购价不能大于其生产成本；耕地轮作可以提高粮食的国际市场竞争力；应适度放开玉米市场、适当增加玉米配额数量；等等。

1.3.2 研究不足

本书的突出不足有：对耕地轮作程度的具体数量计算不够精确。由于耕地轮作制度本身的复杂性，目前还没有准确计量耕地轮作程度的计量方法，本书只是通过一个变相的、简便的种植面积变化比例方法来计算。但这一不太精确的计算结果和我们关于耕地轮作程度的实际调查结果也是基本相符的，因此这种计算方法的结果与准确值相差不大，更不会影响本书的研究结论。数理分析方法应用不足，尤其是受研究对象的限制，本书在数理模型的应用方面较为薄弱，但在分析每个问题的过程中普遍使用了经济学理论，经济学思想和经济学理论渗透在每个问题的分析中。因此尽管数理分析薄弱显得分析的“理论性”不高，但不会影响本书推理和结论的有效性。另外，某些观点也缺少严格准确的计量实证分析支撑。上述三个突出不足也是我们以后研究需要改进和突破的努力方向。

第2章 耕地轮作与我国持久粮食安全

2.1 引言

从深层次上看，目前我国粮食安全的压力主要来自相互关联的内外两个因素。内部因素是我国农业生产正面临的耕地土壤遭受严重污染的生态环境。以往过度追求产量的农业生产方式致使大量化肥、农药、地膜残留在土壤中，不仅造成了严重的农业面源污染，而且还致使土壤理化性质恶变，发生板结、酸化及重金属化，土壤退化严重、有机质减少，土地肥力及自然生产力骤减，耕地资源不堪重负，农业生产的可持续性遭到了巨大挑战。仅就东北平原而言，目前东北黑土地耕地黑土层平均厚度只有30厘米，比开垦之初减少了约40厘米；近60年东北黑土地耕作层土壤有机质含量平均下降了三分之一；同时过去的30多年来由于粗放的耕作方式导致肥沃的松辽平原的黑土地黑土腐殖层厚度已由20世纪五六十年代的平均60-70厘米，下降到现在的平均20-30厘米[23]。土壤质量的好坏直接影响农产品的品质，进而影响我国农产品的国际竞争力和粮食安全。

在开放的经济环境下，如果一国农产品长期缺乏竞争力，将直接导致国内农业衰退。而目前我国粮食安全的另外一个主要压力正是来自国外低价、优质农产品的巨大冲击。当前我国主要农产品国际国内价格倒挂及负面影响较为突出，据统计，小麦、大米、玉米和大豆等主要农产品的国内价格比国际价格已高出30%－50%，个别品种达到60%[24]，结果导致粮食市场呈现出进口量、生产量和库存量“三量齐增”、“洋粮入市、国粮入库”的尴尬境地。目前我国粮食储备率已经超过80%，大大超过了世界粮农组织规定的17%－18%的安全储备率水平。即使考虑我国是人口大国等特殊情况，储备率应略高一些，但达到30%的储备率水平也足够了[25]。按照30%储备率来考虑，也超出了50%。超额储备的代价是巨额的储备费用支出和一定程度的粮食浪费①。

面对这两种压力，以往我国政府和理论界几乎把精力都集中在粮食种植过程自身的“边际思考”研究上，而忽视了耕地轮作在解决上述两大压力时的效应及如何促进的研究。针对恶化的农业生态环境，过去研究集中在如何使一次性种植过程自身的生态化，如测土配方施肥、秸秆还田、施用农家肥、病虫害综合治理等技术推广的研究；同样，在如何提高农产品国际竞争力研究上，也是集中在孤立的一次性农业生产过程研究，例如，如何扩大土地经营规模、如何推进农业先进种植技术的使用等方面。即使政府最近提出了推进耕地轮作政策，但在思想和实践上只是把耕地轮作当作解决目前“去库存”问题的一个“应急”手段，而没有把其当作一个常态化的战略性方针来对待。比如，政府在“镰刀弯”地区实施调减玉米种植策略事实上只是为了解决玉米超额库存问题，因此其政策反而还抑制了耕地轮作。为了鼓励“镰刀弯”地区减少玉米种植，该地区只对大豆种植有补贴，而对种植玉米和小麦没有任何支持政策，为了降低市场风险，结果当地农民可能又会从连年种植玉米转向连年种植大豆的非生态种植模式。

我们不可否认“边际思考”意义上的研究和实践的重要性，但耕地轮作在解决上述两大问题时有其基础性、本源性的重要角色，这是由于，其一，耕地轮作是促使土地通过自身的“内源技术”来增加其土壤肥力的生态生产方式，是解决农业生态问题的“治本”策略，其既能节省农业资源消耗，又

① 数据显示（中国经济网：增强粮食安全持续性和稳定性——专家谈粮食如何去库存，2016年6月23日）：国家储存1斤粮食每年的保管费、贷款利息、损失损耗等则需要花费0.12－0.13元。

能减少环境污染；同时也能提高农产品品质；其二，如果单纯使用上述两种策略而没有辅助耕地轮作，最终会使二者的努力走向相反的结果，这是源于任何土地如果常年只种植一两种作物，这块土地终究会变得越来越贫瘠，而为了获得一定的产出必须付出更大的边际努力和投入，进而会使农业生产陷入成本和生态代价递增的旋涡，结果破坏和大大削减了上述两个边际努力的成果，并且累积一定时期后可能还会引发系统性生态危机。为此我们需要从耕地轮作的视角来研究粮食安全问题。

2.2 文献回顾

这部分的文献主要涉及耕地轮作和粮食安全两个方面。这部分研究的重点是耕地轮作和粮食安全的关系，其次是耕地轮作现状及未来粮食主产区耕地轮作模式的选择。由于我们在后面的章节中要对如何促进耕地轮作常态化进行研究，所以关于如何实现耕地轮作的文献这里就不再进行回顾。为此本部分关于耕地轮作的文献只涉及其本身的生物学属性特征和耕地轮作现状的文献。同时由于耕地轮作在我国才刚刚试点几年，因此关于耕地轮作现状的文献少之又少，只有鲜见的几篇关于局部区域耕地轮作情况的介绍。而耕地轮作本身的生物学属性的文献较为丰富，我们选择具有代表性的文献加以说明，这样也较为合理，由于回顾这部分文献的目的较为简单，就是要了解几个典型轮作方式的生物学特征，为本部分后续的耕地轮作经济学分析奠定逻辑依据基础和数据基础。不同学者从不同的轮作模式以及轮作不同的生物和理化层面对耕地轮作的生物学属性进行了分析。蔡丽君、刘婧琦、周桂玉等对玉米与大豆之间的轮作对土壤养分及大豆和玉米产量的影响进行了分析。蔡丽君、刘婧琦等的研究表明，大豆与玉米轮作秸秆覆盖还田能够有效增加大豆单株叶面积、地上部及地下部的干物质积累量，还能有效增加土壤有机质[26]。周桂玉等的研究具体测算了玉米与大豆之间轮作大豆和玉米相应增加的产量大小及其二者之间轮作大豆的固氮作用和轮作后二者种植的减肥作用大小[27]。陈丹梅、陈晓明等对轮作对土壤养分、微生物活性及细菌群落结构的影响及相应的抑制病虫害和杂草的机理进行了分析。陈丹梅、陈晓明的研究表明，在轮作种植条件下，辅以秸秆还田或冬季休闲均可保持或提高土壤肥力和生产力，并能同时使土壤生态环境得到改善，微生物繁衍数量增加，活性增强[28]。姚致远、王峥等对轮作及绿肥不同利用方式，以及水稻和油菜水旱轮作对作物产量和土壤肥力的影响进行了分析。姚致远、王峥的研究表明，合适的轮作及相应绿肥利用方式对作物产量和土壤性质都产生了积极影响[29]。张忠潮、任格格等在对我国“一村一品”战略的环境影响评价分析中从反面阐明了耕地轮作的生物学意义。他们指出，由于土地资源的有限性特点，为了实现可持续发展，应当遵循的种植方式是在同一块耕地上有顺序地按季节或者年份轮换种植不同作物或复种组合。但“一村一品”战略却在一定区域“一村”内过度发展“一品”，进行单一作物的常年连作，结果违反了物质平衡客观规律，影响了“一村”原有的生态圈，使当地生物多样性遭到严重破坏，打破了生态平衡，并最终引发生态危机[30]。总之，关于耕地轮作的自然特征分析为我们后续耕地轮作的经济学分析提供了基础知识依据。

粮食安全方面的研究文献十分丰富，诸如粮食安全含义及战略选择；工业化、城市化、非粮化等影响粮食安全的因素分析；解决粮食安全问题的策略等。本书关于粮食安全问题只关注耕地轮作视角，其他影响和相应的解决粮食安全的文献与我们研究的内容关系不大，因此相关文献也不做回顾。关于粮食安全现状的文献中，目前我国农业面临的资源环境压力已严重威胁我国粮食安全的命题是本书研究的逻辑起点，并且只是我们研究的一个前提，为此不做文献回顾，而关于粮食安全现状的定量测算文献需要我们掌握。换言之，本部分只是研究耕地轮作与粮食安全的逻辑关系以及这样的逻辑关系背后对粮食安全的观念、含义以及相应的目标和战略选择提出的要求做出分析，因此与本部分粮食安全研究相关的文献是以往的关于粮食安全的含义、目标、战略以及相应测算方法和粮食安全现状的宏观研究部分。本部分的四个小问题之间紧密相连，而关于粮食安全的观念、内涵与外延是其余三个问题的逻辑基础。关于粮食安全的观念、内涵与外延问题的研究又是围绕粮食安全的核心以及粮食自给品种范围和自给水平大小展开研究的，具体集中在粮食安全观的讨论、怎样科学选择反映粮食安全程度的粮食统计口径、粮食自给率的计算方法以及保证粮食安全的可接受的自给率的确定等四个问题上。较为代表性的观点有，聂英认为粮食生产是资源约束性生产，最根本的约束资源是耕地，所以粮食安全的核心在于耕地安全，而耕地安全包括耕地数量安全和质量安全两个层面[31]；张云华和仇焕广等讨论了粮食安全的具体含义，两位学者都认为粮食安全的实质是食物安全，食物安全的重点是粮食安全，他们重新审视了我国传统的“粮食安全观”[32]、[33]；而上述关于粮食安全含义的争议，又反映在对粮食自给品种范围选择及其可接受的自给率大小的争议上。卜伟、曲彤等认为粮食净进口依存度过低会影响到粮食安全的可持续性，政府应适当降低粮食自给率、相应地适当提高净进口依存度。他们认为更高的自给率需要更高的投入和更高的成本，以及相应的更高的环境污染和环境破坏[34]。关于适度提高粮食净进口依存度的合理性研究，蓝海涛等计算了粮食自给率从95%降到90%能节省的水、土地和化肥的使用数量，他们得出的计算结果是，粮食自给率降低5%，将节省水246亿立方米，化肥118万吨[35]。王晓君、何亚萍等认为我国粮食自给战略不是放弃国际化，而是在开放的国际经济环境下，积极加强农业国际合作，最大化地利用好国外粮食资源，把握国外市场主动权，这样才能更好地实现粮食自给战略[36]。张在一、毛学峰等从目前玉米的粮食属性出发认为应适当放开玉米进口，他们认为这是由于玉米消费结构的变化，玉米已从口粮中分离出来成为饲料粮，让玉米以主导身份——饲料粮回归市场，通过适度进口及竞争机制的引入，来缓解主粮生产的资源环境压力和提高玉米生产效率[37]。崔宁波、董晋指出我国长期大量种植玉米产生了非常明显的挤出效应，导致国产大豆紧缺和生产萎缩，粮食供给结构性矛盾突出[38]。辛翔飞、刘锐等也对自给率越高粮食就越安全的理念进行了反思，他们认为在我国耕地和水资源较为短缺，以及综合国力又有了很大基础的条件下，我国未来应统筹利用好国内外两个市场和两种资源，实现粮食的数量、质量、生态以及产业四个层面的整体安全，为此他们建议用粮食自给总量水平代替粮食自给率水平，合理设定粮食自给总量水平，用数量水平门槛代替比率水平门槛[39]。上述关于粮食自给率过高而导致的粮食生产成本上升和污染加重的分析对我们的研究尤其具有借鉴意义。由于大豆在我国需求量较大，关于大豆是否纳入粮食自给范围也存在争议，多数学者认为将大豆纳入粮食自给核算范围夸大了我国粮食安全问题的严重性，而谷物自给率和口粮自给率能准确反映我国的粮食安全状况[40]、[41]。贾帅帅、张旭辉等通过计算得出，近些年，我国谷物自给率一直维持在95%以上，并且口粮也一直处于绝对安全水平[42]。

事实上关于耕地轮作与粮食安全关系的直接研究也有零星文献有所提及，但其没有从经济学角度进行深入分析。本部分将基于经济学视角，从理论和实证两个层面对二者的关系做出深入而又全面的分析。

2.3 耕地轮作是保证持久粮食安全不可或缺的手段

耕地轮作之所以在维持农业生态安全和农产品国际竞争力两个相互联系的粮食安全因素上起着根基性作用，是由耕地轮作自身的生物学和经济特征所决定的。耕地轮作是指在同一地块上按顺序轮换种植不同种类作物或轮换采用不同复种方式的种植模式，是一种将用地与养地有机结合的耕作方式。由于不同作物轮作能更好地利用不同作物对环境、水分和养分等生态因素需求的差异性，这样通过不同作物之间的时序和空间配置，能改善土壤结构，平衡土壤养分，提高土壤肥力，减少病虫害和杂草，还可以增加土壤储水量，提高水分利用率，从而提高作物产量，因此被世界各国广泛采用[43]。我国在唐代中后期水旱轮作就开始盛行。由于作物轮种提高了土壤肥力，抑制了土壤退化，并减少了病虫害和杂草的产生，减少了化肥和农药的使用，也就减少了农业面源污染，进而保证了粮食供给的持久安全。总之，耕地轮作具有提升农产品绿色品质、提高作物单产、降低种植成本、提高农产品国际竞争力以及减少农业面源污染等经济和生态效应。而耕地连作则恰恰相反。

著名油菜专家官春云院士研究发现，油菜散落的花、叶和还田后的秸秆可以给稻田提供充足的有机肥料，每季油菜的营养物质相当于给每亩地施入尿素 20 公斤[44]。同时，油菜通过早播早管，能够改善稻田土壤的物理性状，促进后茬水稻增产 10% - 15%[45]，通过水稻和油菜的水旱轮作保持并提高了土壤肥力。

另一种典型的耕地轮作——粮豆轮作的生态和经济效应也较为明显。在我国早期的生态农业措施中粮豆轮作较为普遍。玉米同大豆轮作种植不但可以消除连作对两种作物的不利影响，而且由于大豆具有生物固氮作用，恰好玉米又是喜氮作物，种植大豆后在土壤中存留的氮素供后茬玉米利用，可减少其对氮肥的依赖和使用；玉米种植每隔两年轮作一次大豆，大豆种植时化肥的施用量明显减少。据测算，粮豆轮作可以减少化肥使用量 30% 以上，可以减少农药使用量 50% 左右。大量研究表明，玉米同大豆轮作可以同时提高两种作物的产量，与连作相比，轮作可以使玉米和大豆的产量分别增加 5% - 30%[27]。2018 年山东省德州市农科院在禹城市开展了 5 万亩的两年夏季种植玉米与第三年轮作优质大豆的试点实验种植，轮作实验田的大豆每亩单产超过 250 公斤，三个随机实测结果的每亩单产都超过了 270 公斤，采取轮作的大豆增产在 25% 以上。因此轮作能同时实现两种轮作作物产品品质提高、单产增加和当季生产成本降低，从而使玉米和大豆的市场竞争力都会得到提升。虽然，轮作使玉米单产提高的总增加量，远远不能弥补由于轮作大豆所导致的玉米总产量的减少。但是如果我们仍固守主粮玉米必须保证基本自给的传统粮食安全观，势必会阻碍粮豆轮作的实现。

并且粮豆轮作还具有其特殊的生态和经济意义。近些年为了满足日益扩张的饲料粮需求，玉米种植面积快速扩张，目前已经成为我国第一大粮食作物，玉米种植面积已占农作物总面积的 25%，超过了小麦和水稻。所以，“第一”粮食作物玉米能否实现轮作直接影响到轮作的整体效应，并且在目前的市场条件下，相对于其他两个主粮作物水稻和小麦而言，玉米种植农户“自觉”进行轮作的障碍较大。

随着国家对稻谷和小麦最低收购价的下调，较为短链供应消费者的稻谷和小麦种植，在大米和面粉，尤其是大米具有较好的能显示绿色品质的口感作用下，为了使自己的稻谷口感更适合消费者的偏好，稻农会逐渐自觉进行轮作，因为进行稻谷和绿肥等轮作可以获得消费者偏好的大米口感。同时，通过轮作获得的大米和面粉的绿色品质也可以通过绿色品质认证来直接面对消费者，从而较为容易地实现优质优价，这也会激励稻农自觉进行轮作种植。而玉米生产作为口粮直接面向消费者的比例极低，用玉米直接加工而成的产品大都只是中间产品，如玉米加工成的饲料需要养殖业转化为肉蛋奶等畜禽产品才能面向消费者，这样其轮作获得的品质提高在实现优价上的难度就会增大，导致玉米种植农户“自觉”进行轮作也就会受到抑制，也因此导致目前肉蛋奶等畜禽产品的绿色认证比例较低。

同时，玉米作为饲料粮的需求量不断上涨趋势也会越加使玉米轮作更加困难，不考虑卫生品质的、且不断增长的专用玉米的工业消费需求也加剧了玉米轮作的困难。由于居民对畜产品需求量的逐渐增加从而引起的对玉米饲料粮量的逐渐增加，会引起玉米价格处于高位和种植玉米的利润较好，结果常年玉米连作成为了农户的必然行为。另外，玉米连作的减产效应并不明显也会加大玉米轮作的障碍，即使玉米连作 10 年以上其减产也是微小的。但长期玉米连作产生的生态累积负效应是较大的。东北黑土地逐渐变薄就是当地常年玉米连作的结果。实现玉米轮作还有一个特殊的重要意义，能增加其他作物如小麦生产的品质和实现河北、河南和山东等华北平原地区及包括陕西等两季种植地区农业的可持续发展。由于华北平原一年两季种植中的冬小麦种植模式已固定，难以改变，能改变的就是第二季的种植，现在普遍是常年种植夏玉米，如果能实现夏玉米轮作不仅能获得自身轮作好处，还能提高下茬小麦的品质，而目前这些地区的小麦种植占全国总量的 70% 以上。可见，耕地轮作具有特殊的必要性。

耕地轮作可以抑制病虫害和杂草的产生的机理是通过以下途径实现的：通过换种非寄主作物，使土壤中的病原菌得不到寄主而逐渐被削弱或消灭；利用不同作物形成不同区系的土壤微生物和不同土壤理化环境，遏制病菌的生存和发展；同时，轮换种植不同作物，也可以使寄生杂草找不到寄主而死亡[46]。相反，作物连作使土壤病虫害增多。大量科学实践证明，大豆连作使大豆菌核病、灰斑病发病率增加 15% 左右，同时大豆迎茬耕作一般会减产 10% 左右，而重茬两年以上会减产 30% 左右；玉米连作后玉米白苗病、大斑病发病率约增加 8%，同时随着连作年限增长呈上升趋势[47]。常年玉米连作会导致土壤病虫害增多，也会侵蚀土壤中的玉米种子，我们在调研中发现农户为了避免病虫害对玉米种子的侵蚀，需要给种子涂上一层厚厚的农药。为了遏制病虫害和除掉杂草，农药的使用量会逐年增加，随着害虫的抗药性不断增强，农药的毒性也不得不逐年提高，因此，为了维护作物正常成长，农户必须要施用更多的农药，从而花销在杀虫剂和除草剂上的费用也更多，这样也会加大成本。目前我国已经成为农药使用量第一大国，平均每亩土地要施加农药 1.92 斤，是世界平均水平的 3.3 倍。

耕地轮作也是影响农产品国际竞争力的一个关键因素。农产品国际竞争力无非取决于两个因素：品质与价格。耕地轮作能同时实现两种轮作作物品质的提高、单产的增加①和当季生产成本的降低，从而使两种轮作作物的国际竞争力同时得到提高。而连作会产生相反的影响，常年连作同一作物，即使在正常的管理情况下，也会导致产量下降、品质变差等连作障碍，同时，连作后大量使用化肥和农药，提高了生产成本。耕地连作模式增加了种植成本，进而降低了粮食和油料的国际竞争力，也导致了农业面源污染的增加和农业发展的不可持续。

由于连年种植一种作物，其对土壤养分的需求也常年不变，这样会使土壤养分失衡，为了弥补该种作物所需的养分，必须不断增加化肥的使用，导致化肥的边际效用逐年下降，为了维持同样产量，只能施用更多的肥料，从而提高了成本。不仅如此，化肥的大量使用还会降低农产品的营养价值，积累到一定程度，还会使农产品的重金属含量超标。事实上，我国粮食生产就是陷入了上述“高投入、高产出、低效率”的连作模式。目前我国是世界上最大的化肥生产和消费国，不到世界总量十分之一的耕地，却使用了世界化肥总量的三分之一。国际公认的化肥施用安全上限是每公顷 450 斤，而目前我国农用化肥平均施用量比安全上限高了 1.93 倍。从 20 世纪 50 年代到现在，60 多年间我国每公顷土地的化肥施用量从 8 斤多增长到了 868 斤，增加

① 耕地轮作会使粮食的总产量有所下降，这是由于本来的连作粮食改为了间隔轮作油料等非粮作物。

了近100倍。最近几年政府实施的化肥农药“零增长”行动使化肥的施用总量有所降低，但基本事态远没有达到改观的状况。并且实证研究表明，近几年化肥施用总量的降低主要归功于果树、蔬菜等园艺作物施肥强度的下降，相反粮食作物的施肥强度仍在提高。廖进球等的实证研究也表明，东北玉米生产区增施化肥会带来农业生产效率损失，每增加1个百分点的化肥用量，将会导致玉米全要素生产率降低1.98个百分点[48]，说明该地区化肥用量已超出合理范围并产生了边际效用递减和有效利用率低下问题，这表明“高投入、高产出、低效率”的连作模式在玉米生产中表现得更加明显。2019年我国玉米种植面积为41284千公顷，大豆种植面积为9332千公顷，而全国大豆种植面积的一半在黑龙江省北部的低积温带区，这些低积温区由于政策和气候原因又处于粮豆轮作的不充分状态。这样，剔除黑龙江省大豆种植面积，黑龙江省以外地区玉米种植面积是大豆的10倍，如果是每种植两年玉米轮作一次大豆的话，玉米与大豆的种植面积比例应该为2∶1，现在玉米种植面积是大豆的10倍之多，可见，黑龙江省以外地区粮豆轮作程度非常低。而黑龙江省玉米种植面积只占全国的14%，尽管黑龙江省玉米和大豆种植面积比例为1.4∶1，从直接数量上符合粮豆轮作比例，但黑龙江省玉米主要种植在南部高积温区，大豆主要种植在北部低积温区，南部玉米种植区常年玉米连作仍是主导，就黑龙江省而言粮豆轮作的比例也没有超过30%。所以总体来说，占我国农作物播种面积25%的玉米种植有90%以上都处于常年连作的种植模式状态。陈会玲等的湖北样本数据实证研究更是佐证了上述推理，在粮食直补、保护价等支农政策激励下，旱涝保收的粮农在有限的耕地上过度追加物质和劳动投入，导致粮食生产进入边际报酬递减的产量范围，生产成本的增加快于单位面积产量的增加，最终提升了平均生产成本[49]。另外，根据《全国农产品成本收益资料汇编》数据计算，2006年以来谷物总生产成本呈明显增加趋势。2016年早籼稻、中籼稻、晚稻和小麦、玉米的总成本分别是2006年的2.16倍、2.18倍、2.13倍和2.19倍、2.28倍。

通过上述分析我们不难发现，耕地连作是我国粮食生产成本不断增加的一个重要原因。正是耕地连作导致的正反两个方面成本效应叠加，无形中加大了我国主粮生产尤其是玉米生产的平均成本及价格。同时由于耕地连作而增加的化肥和农药的使用必然也会降低粮食品质，结果耕地连作会从价格和品质两个方面降低我国粮食的国际市场竞争力。而目前我国在粮食生产中根本没有从常态化的层面来重视耕地轮作的应用和推广，只是极少的高补贴性质的试点轮作。目前提高粮食生产效率的努力几乎都投放在既定的一次性农业生产过程中，诸如发展规模经营、培育和使用良种，以及推广测土配方施肥和病虫害综合治理等。这些在种植过程中促进生产效率的方法固然重要和必须，但如果不辅助于具有“治本”效用的耕地轮作的实施，单独生产过程努力的长期累加效应会使这种努力走向相反的方向，这是由于任何土地如果常年只种植一种作物而不进行轮作的话，这块土地终究会变得越来越贫瘠，而为了获得一定的产出必须付出更大的边际努力和投入，进而会使我国粮食生产陷入成本递增的陷阱。

我们调查实证研究的一个案例也充分证实了上述观点。内蒙古通辽市开鲁县红干椒种植业是在我国“一村一品”战略背景下逐渐发展壮大起来的特色产业。经过二十几年的发展，目前开鲁县红干椒生产规模在中国县级城市居于首位，是中国最大的红干椒生产基地，享有“中国红干椒之都”美誉，产量占到全国22%的市场份额。但目前却呈现出了不可持续的发展态势。根据我们的实证研究发现，经过二十几年的快速发展，开鲁县红干椒种植业全要素生产率从2013年起呈现出了明显的下降趋势，这说明从2013年起其发展势头就走向了不可持续的状态，并且目前全要素生产率对产出的贡献也处于较低水平，仅为16.26%。单从化肥投入角度看，从2011年起化肥的使用就进入了不可持续状态，这是因为化肥投入的产出贡献程度从2010年以后开始大幅度下降，说明2010年以后化肥投入已超过合理范围进入了要素边际收益递减阶段，但2011年以后化肥投入还在大幅度增长。由于化肥的过量投入直接导致土壤的劣变，进而引起病虫害的增多和农药使用增多，红干椒品质也随之下降。2015年以后这种不可持续性开始从表象上凸显出来，单产、利润和销售价格，尤其是利润呈现了明显的下降趋势。这说明从单要素投入的不可持续到全要素生产率的不可持续再到利润、单产和价格等表象上的不可持续是个短暂的渐进过程，首先表现为单要素投入的不可持续。2015

年以后红干椒价格的下降也是其品质下降的间接反映，由于红干椒需求一直处于旺盛状态且种植成本也在上升，但价格相反却在下降，这应该是其品质下降的原因所致。总的来说，导致开鲁县红干椒种植业走向不可持续的直接原因正是高度专业化的“一村一品”战略，即同一块耕地单一种植红干椒的连作模式。“一村一品”战略正是借鉴工业经济理念的“特色化、专业化和规模化”，从而可以获得显著的特色规模经济效应。工业化理念应用到种植业中往往会导致“一村一品”战略在具体实施过程中会集中一切力量在特色区域内发展“一品”，过度在“一村”专注“一品”。然而，这样的工业化思路应用在种植业中是需要加以改变的，否则就会适得其反。“一村一品”战略必然会产生单一作物的常年连作现象，常年种植单一作物将会导致耕地质量退化、生产成本上升及产品品质变劣等连作障碍和生态问题，长期积累甚至会引发生态危机。正是由于“一品”突出的经济效应从而忽略了“一品”所导致的生态不可持续性。在连作的前几年由于具有良好的基础地力，随着要素投入增加，产量也不断增加，成本增加小于单位面积产量增加，由于基础地力较好及相应的病虫害也较少，红干椒的品质也较好；然而，随连作时间的推移，必将导致土壤退化、肥力下降及养分失衡，为了弥补该种作物所需养分，必须不断增加化肥使用量，从而造成化肥的边际效用逐年下降，而为了维持同样产量，只能施用更多肥料，从而提高了生产成本，导致红干椒种植进入边际报酬递减的产量范围，生产成本的增加快于单位面积产量的增加，最终提高了平均生产成本。同时，常年连作及化肥的过度使用叠加导致的病虫害增多又会加大农药的使用。在多要素收益递减作用下，没有新生产方式和科技加入，2013 年起全要素生产率进入明显下降趋势，开鲁县红干椒种植业也就此走向了产业发展的不可持续阶段。

由于粮食生产成本较大，目前我国三大主粮的国内价格均明显高于国际水平，呈现出严重的粮食价格倒挂现象。从 2006 年起我国三大主粮水稻、小麦和玉米的价格快速上涨，到 2013 年三大主粮的平均国内价格已达到国际价格水平的 124%。尽管经过几年的粮食收购价下调，但粮食价格高于国际价格的整体局势并没有得到改观，只有稻谷价格在近期才与国际价格持平，也曾有两三年玉米价格低于国际价格的短暂“灵光”时期。2020 年小麦国际平均价格为每斤 1.1 元，国内价格每斤 1.4 元；玉米国际价格每斤 0.8 元，国内价格 1.1 元。2015 年我国开始取消玉米临储收购，加之去库存导致的大量玉米集中投放，从而使玉米价格在一段时间内大幅度降低，国内玉米价格降到了国际价格水平。但经过三年的去库存，玉米库存消化殆尽，加上非优势区玉米种植受到国家的严格限制，以及改种经济作物后获利较大，致使重返种植玉米的可能性极小，从而导致近一两年内玉米供需又呈现紧平衡状态，玉米价格又开始大幅度回升，目前玉米价格已上涨到了每斤 1.1 元，而这一价格高出国际水平 39%，因此政府又制定了增加玉米种植计划，鼓励在东北地区和黄渤海等玉米优势区玉米种植，这一政策的实施无疑会给备受冷落的粮豆轮作带来更加不利的影响。

而农业发达国家玉米和大豆所具有的较高市场竞争力的部分原因恰恰在于其获得了粮豆轮作的成本优势。美国玉米带上玉米种植面积占比只有 40% 左右，而且还有 30% 的大豆和豆科牧草种植，数十年来基本上形成了全部实行玉米—大豆轮作制[46]，大豆不但不施肥，而且每公顷大豆还可固氮 60 - 80 公斤，经济效益和生态效益十分显著，美国 94% 的农场同时种植大豆和玉米。由于轮作休耕等土壤保护措施在欧美国家的实施，使欧美国家粮食产量的 70% - 80% 都是靠基础地力，而在我国耕地基础地力对粮食产量贡献率仅为 50% 左右[50]。在主要大宗农产品的成本比较中，中国玉米和大豆的生产成本高于美国，每 50 公斤中国的稻谷、小麦、玉米、大豆和花生的生产成本高于美国的程度分别为：47.73%、14.75%、112.05%、103.32%、63.07%，其中玉米生产成本高于美国的比例最大，高达 112%，而大豆生产成本高于美国的比例也在 103%[51]，这其中的部分原因就是我国玉米和大豆没有实现轮作，从而导致二者生产成本双双提高。美国等农业发达国家实现了粮豆轮作而我国没有实现，这一正一反的合力作用大大增加了我国玉米和大豆的生产成本。同时，保持轮作还能实现在较好的土地上同时种植两种竞争作物的耕作制度，这样对提高两种竞争作物的单产都有积极作用。我国东北地区近些年一直在较好的土地上连作玉米，而大豆主要在积温不足、生育期短的黑龙江北部和内蒙古大兴安岭地区进行连作，致使我国大豆总体单产水平较低。目前我国水稻、玉米和大豆的平均单产分别为美国的75.4%、51.8%和55.7%[31]，美国玉米能获得高产，耕地轮作无疑起到了一定作用。如果我国在东北黑土地的核心地带如黑龙江南部、吉林中部和辽宁北部及华北平原等优等土地上轮种大豆的话，大豆单产也会达到250公斤以上，与目前美国的大豆单产差距不大。而2018年的轮作试点实验种植的大豆单产还超过了美国。山东省德州市农科院在禹城市开展了5万亩的两年夏季种植玉米与第三年轮作优质大豆的试点实验种植，轮作实验田的大豆每亩单产超过了250公斤，三个随机实测结果的每亩单产都超过了270公斤。本次实验采取轮作的大豆增产在25%以上。玉米与大豆的轮作会同时降低二者的生产成本与价格，因此，美国的大豆和玉米同时具有很强的竞争优势。上述分析启示我们，我国也要积极实现常态化的粮豆轮作，进而获得粮豆轮作的诸多益处：减少农业面源污染、提高玉米和大豆单产、降低玉米和大豆生产成本，提高玉米和大豆国际市场竞争力，保持农业可持续发展。其他的轮作制度如稻油轮作也同样具有同样的积极效应。

2.4 耕地轮作与粮食安全观和粮食安全战略的改进

根据耕地轮作的含义，耕地轮作表现为在一定地块的一定耕作周期内种植农作物种类的多样性和转换性。正如美国生态学家西蒙·帕滕所言，农业的法则与制造业相反，多样化生产对农业土地更为适合，而生产单一产品对制造业则更为有利[52]。如果一块土地长期只种植一两种作物，尤其是长期只种植一种作物，那么该地块初始的自然禀赋必将受到严重破坏，土壤也将日渐贫瘠。因此，即使是一个地区实现了两大类作物如禾谷作物和豆科作物之间的生态型轮作也需要间断地引入第三种作物进行辅助性轮作，以充分发挥耕地轮作对改善土壤理化结构的作用。如果是长期轮作两种同大类作物如禾谷类作物水稻和小麦之间的轮作，尽管实现了水旱轮作的好处，但从多样性角度上来讲则更需要频率更高的间断性引入第三种作物进行辅助性轮作。这意味着同一地块在一定时间周期内至少需要三种作物进行轮作，选择当地最有优势的作物为主导，辅助次优的两种作物进行轮作。比如，在长江流域水稻主产区，需要在主导水稻种植的前提下进行季节性的或者年度周期性的轮作其他当地次优作物小麦、油菜或者绿肥等。因此，我国需要纠正以往以一两种甚至一种粮食作物为绝对与过度主导的粮食主产区区域规划及激励策略，相应地应该实行层级式农作物主产区策略，按一个地区农作物的优势等级排序，把该地区设定为一级粮食优势作物主产区，二级粮食优势作物或者其他优势作物次级主产区，依次是三级作物三级主产区等，比如，黑龙江省作为玉米和水稻主产区，尽管小麦的优势弱于小麦主产区河南、河北等地，但小麦在当地也是除了玉米、水稻、大豆以外的第三级或者第四级的优势作物，并且在其北部第五、第六积温区甚至是第二级的优势作物，这就需要把小麦定位为黑龙江省的次级主产区。这样的层级式农作物主产区策略既可以增加轮作的作物选择种类，以实现充分轮作，又能够分担一级粮食主产区的粮食生产和生态压力。

同时，耕地轮作所要求的农作物种植结构多样性也要求我国在粮食安全观念上必须从以往单一考虑粮食自给率转向兼顾粮食自给率和农业种植结构①基本安全两个层面上来。我国始终把保证粮食自给率作为核心政策的思路是正确的，但我们更要考虑到如何维持长期、持久的粮食自给率问题。并且伴随着经济水平和综合国力的不断提高，确保国家随时可以通过贸易途径获取足够粮食的目标较国家粮食生产完全自给可能更为可取更符合国情，毕竟我国人均耕地面积才是世界平均水平的30%[53]。事实上，国内可持续粮食安全的保障也需借助农业“走出去”战略，鼓励中国农业企业以对外投资、技术合作等方式在境外国家和地区从事农业生产活动，充分利用国际农业资源来缓解国内粮食生产的环境资源压力[54]。也就是说，在农业种植结

① 按照耕作轮种的要求，我们所说的农业种植结构是指宏观的农业种植结构，即不同种类作物之间的调整。而目前我国农业供给侧改革中同类作物内部之间的“补短板”，比如，普通小麦改种为强筋小麦、弱筋小麦；普通玉米改种为高蛋白玉米、高淀粉玉米和高油玉米等都没有实现耕地轮作。

构安全得到基本保障①的前提下（即在耕地质量得到良好维护的条件下）来实现最低要求的粮食自给率的农业发展道路才是可取的、可持续的。这样我国就可以保持“差不多水平的粮食自给率、耕地和土壤质量得到较好维持、食品质量安全水平也较高”的持久均衡与持久粮食安全状态。因此我国要树立农作物多样性的粮食安全结构观，从传统的粮食安全观转向“大食物观”。

尽管我国在2013年调整了以往的粮食安全战略，提出了“以我为主、立足国内、确保产能、适度进口、科技支撑”的新战略和“谷物基本自给、口粮绝对安全”的新目标，但新目标从内容上并没有体现出农业种植结构基本安全的理念，更没有对农业种植结构是否安全提出一个量化控制标准。新的粮食安全战略缩减了保障的范围，以前保障范围包括豆类、薯类等在内的宽口径粮食，现在调整为口粮水稻和小麦的绝对安全及谷物的基本自给。这种调整看似降低了对粮食自给率的要求和压力，似乎有利于农业种植结构调整，但实质上与农业种植结构安全相矛盾。保障范围不包括豆类即放弃了一定程度的大豆自给率，其实等于从战略上放弃了粮豆轮作。有的学者从农业资源比较优势角度出发认为，在我国，由于人地关系紧张，为了保证粮食安全应选择种植单产较高的作物如玉米和水稻，而单产较低的土地密集型作物如大豆应选择进口[55]。具体而言，从竞争作物玉米和大豆的种植选择上，他们认为扩大玉米种植从而保证玉米基本自给要比多种植大豆更能节约土地。的确，在我国东北、黄淮海等玉米主产区，同时也是大豆的优势种植区，在这些地区既适合种植玉米也适合种植大豆，而大豆单产明显低于玉米，玉米单产一般是大豆的3倍左右。这些学者还推算如果近几年进口的7000万－8000万吨大豆完全由国内生产，至少需要5亿多亩耕地来种植大豆，因此他们认为，我国不可能有这么多耕地来种植大豆，只能靠进口来满足大豆需求，进口大豆就是进口土地；进口大豆节约的土地可以种植三大主

① 农业种植结构安全得到基本保障是指作物轮种不需要完全符合最优的耕作制度，只要避免常年一种作物连作即可。比如，玉米与大豆之间的轮作最优状态是种植一茬玉米紧接着轮换种植一茬大豆，但为了满足玉米的大量需求可以实施玉米—玉米—大豆甚至玉米连作再长一两年的轮作模式。

粮，从而满足主粮的供给安全。从直接的数据推算上看，这种观点看似正确，但这种推算明显忽略了大豆生产萎缩及玉米常年连作累积的生态代价和大豆及玉米国际竞争力双双下降的长期性巨大损失，如果考虑到如此损失，过度进口大豆反而会不利于土地节约，因为过度进口大豆进而把耕地让位于玉米连作会严重破坏耕地质量。如果我们继续遵循这样的农业分工，常年在一块土地上种植一种或者两种科类基本相同的作物如玉米与小麦，我国势必会陷入农业比较优势的生态陷阱。

需要说明的是，我们鼓励大豆国内生产和玉米与大豆之间轮作并不是意味着目前进口的大豆全部靠国内种植来满足，也如上述学者所论述的那样，中国不可能用5亿多亩耕地来种植大豆，但我国完全可以实施次优战略。也就是说，为了满足玉米的大量需求，可以实施玉米—玉米—大豆甚至玉米连作再长一两年的轮作模式。这样平均下来每年再多腾出1.5亿亩左右的耕地种植大豆就能实现基本的粮豆轮作。由于上述轮作而减少的玉米产量可以通过以下方式来补充：一是可以增加玉米进口，改变目前大豆进口独大的生态被动局面，把目前只大量进口大豆分解为既进口大豆又进口玉米；二是玉米与大豆轮作提高了玉米的单产；三是通过玉米与饲料效果更好、产量更高的青贮或者牧草轮作来代替玉米种植，也等同于增加了多倍的玉米产量。

因此，按照粮食安全结构观的思路恰恰是需要扩大食物保障范围，确定适当的既能保障谷物安全又能保障农业种植结构基本安全的综合粮食自给率。根据居民目前的食物消费结构、合理的耕地轮作模式，以及谷物自给率与综合粮食自给率的关系，可以大致确定我国粮食安全保障范围及相应的综合粮食自给率。我国粮食生产主要分布在东北平原、华北平原和长江中下游平原三大平原区，按照各地区自然条件，华北平原和东北平原主要适合粮食作物与豆科作物（主要指大豆）或者青饲料作物（包括青贮玉米、甘薯、苜蓿等）轮作，而长江中下游平原主要适合水稻与油菜、小麦、青饲料作物及绿肥的水旱轮作。同时，农作物种植结构的选择也需要考虑并适应居民的消费结构。随着居民收入和生活水平的提高，城乡居民对粮食的直接需求量逐渐减少，而对肉、油、蛋、奶的消费会逐渐增加，对肉、蛋、奶的需求引致了对饲料粮主要是玉米的需求。2018 年全国居民人均粮食消费量为 127.2 公斤、食用植物油 9.6 公斤、肉类 29.5 公斤、蛋类 9.7 公斤、奶类 12.2 公斤①。综合居民消费结构趋势和主导作物轮种种类，我们把综合粮食自给率的匡算范围定为稻谷、小麦和玉米（含玉米的替代品如牧草、青贮玉米等青饲料），以及油料（包括大豆和油菜）四类大宗农产品。因此，以生态上相互依存的两类作物谷物和油料为宽口径的粮食安全保障范围的综合粮食自给率指标作为保证粮食安全战略指标，正是为了保证谷物和其竞争作物实现基本的轮作种植，从长期上保障生产谷物耕地的土壤质量，以此保障谷物的持久安全。学者王大为等也提出了与本书相似的观点[56]，即创新粮食安全概念、树立大粮食观念，他认为国家粮食安全不是口粮安全、谷物安全，而是食物安全。应将粮食与渔业、林业看成一个大的相互依存的生态系统，树立大粮食观念，粮食安全战略的核心不再是简单的粮食自给，要从“全方位”、系统观的角度建立粮食安全战略。

粮食安全指标从谷物自给率改进为宽口径的综合粮食自给率，在人均耕地资源稀缺的约束下，我国需要小幅度降低自给率。尽管我国谷物产量收获了“十六连增”，2018 年谷物总产量达到了 61019 万吨，实现了谷物和口粮的绝对自给。但是近些年来谷物的连续增产是建立在谷物特别是玉米生产大量挤占豆类、油料、薯类及棉花和甜菜生产代价之上的，因此可以说当前我国谷物的高自给率是以谷物之外作物的低自给率以及相应的耕地轮作受到抑制从而土壤退化为代价获取的。大豆等的大量进口，使我国综合粮食自给率在 2015 年下降到了 83.78%，而同时谷物的自给率仍然保持 94.66% 的水平。尽管 2015 年后综合粮食自给率有所上升，但上升的幅度并不大，2018 年仅为 86.9%。谷物自给率与综合粮食自给率存在一定程度的此消彼长关系。2000－2018 年综合粮食自给率与谷物自给率的变化情况见表 1 和表 2。

① 数据来源：中华人民共和国国家统计局.2019 中国统计年鉴 [M]. 中国统计出版社，2016.

表1　2000－2018年综合粮食自给率变化情况表（万吨、%）

年份	2000	2005	2010	2012	2013	2014	2015	2016	2017	2018
总产量	46218	48402	54647	58985	60194	60703	62143	61625	61790	65789
净进口	－208	－353	6337	7694	8427	9709	12028	11041	10533	9857
自给率	100.50	100.73	89.60	88.46	87.71	86.21	83.78	84.80	85.4	86.9

数据来源：2001年和2015年、2016年、2017年、2018年、2019年《中国统计年鉴》；国家粮油信息中心。

表2　2000－2018年谷物自给率变化情况表（万吨、%）

年份	2000	2005	2010	2012	2013	2014	2015	2016	2017	2018
谷物量	40552	42776	49637	53934	55296	55741	57228	56538	56454	61019
净进口	－532	－387	－451	1302	1363	1880	3222	2132	982	736
自给率	100.33	100.91	100.10	97.64	97.59	96.73	94.66	96.36	98.3	98.8

数据来源：2001年和2015年、2016年、2017年、2018年、2019年《中国统计年鉴》。

从表1和表2可以看出，过去或者说至少在2005年之前，综合粮食自给率和谷物自给率的变化趋势基本一致，从2010年以后二者的差异才逐渐变得明显。2010年与2009年相比也是大豆进口快速增长的一年，结果也使综合粮食自给率下降到了90%，尽管2010年的大豆进口量达到了5463万吨，但与2016年的大豆进口量8391万吨相比还是少了2928万吨。如果要达到至少90%的综合粮食自给率，那么2010年以后每年多进口的大豆或者大豆的油料替代品需要国内自己生产。加之谷物产量是综合粮食产量的绝对主体，因此，想要使综合粮食自给率达到90%以上，谷物的自给率要达到90%以上。所以我们认为我国综合粮食自给率保持在90%以上即可，这样就可以实现谷物基本自给和农业种植结构基本安全的粮食持久安全目标。另外，必须说明的是，从理论上讲，自给率是用产量除以消费量来进行计算获得的。但由于我国官方现有的统计数据只有产量和进出口量，没有消费量和库存量。为了使研究更加“可靠”，几乎所有研究者、官方以及联合国粮农组织都使用国内产量加上净进口量来代替国内消费量来计算自给率。表 1 和表 2 的自给率就是使用这种惯用的方法计算的。不过这种计算方法只是从数据来源本身上看是准确的，但要想使其与真实的自给率相一致，必须保证国内粮食库存保持稳定，从而保证当年新增供应量刚好等于当年消费量。而如果库存变动并增加的话，只考虑产量和净进口量的计算方法会低估自给率，反之会高估自给率。如果低估粮食自给率，就会诱使政府制定提高粮食自给率的政策进而会抑制耕地轮作。用这种方法计算的近几年的谷物自给率就存在被低估的事实，这是由于政府支持粮食生产的保护价政策，粮食产量逐年增加，国内国际粮价倒挂从而进口不断增加，同时国内消费总量变化不大的合力作用致使粮食库存逐年增加而导致的。这就意味着我国目前谷物自给率应该高于98.8%，谷物供给是充裕的，这一点也能从我国近几年每年粮食库存的增加大于净进口量的事实得到佐证。据公开数据综合判断，我国近几年粮食库存连创历史新高，2015 - 2016 年度玉米、小麦、稻谷库存高达 3.33 亿吨，2015 年新增库存 0.8 亿吨。尽管进口量也在增加，但 2012 - 2015 年三大主粮进口总量合计才 0.4 亿吨[57]。并且从 2015 年以后三大主粮的净进口总量还呈现了下降趋势。2018 年三大主粮净进口量仅 736 万吨。这就为我国扩展耕地轮作提供了更大的余地。

更为重要的是，像我们在下文所分析的那样，耕地轮作对口粮自给率的影响可以通过其自身来进行弥补。一是可以在扩大双季稻种植面积的前提下开展轮作；二是可以扩大小麦在非小麦主产区的轮作种植；三是因为水稻和小麦的种植多数是在一年可以种植两季作物的地区进行，而农户第一季作物大多数都种植水稻和小麦，第二季作物才会有不同的选择，这样第二季的不同作物轮作对口粮的产量影响不大。当然也有耕地轮作的土地增产效应。鼓励冬闲田种植油菜或者绿肥的轮作不但不会减产反而会增加单产从而增加总产量①。另外，我国较大的节粮空间也为耕地轮作提供了一定的余地。耕地轮作可能减少的粮食产量可以用减少粮食的损耗与浪费来得到部分弥补。我

① 目前在我国南方水稻种植区存在严重的冬闲田现象，本来种植一季水稻后可以轮作一季油菜，但由于农民劳动力机会成本的增大，大部分农户都放弃了冬季种植油菜。这样这些地区耕地轮作的实现并不会减少粮食的年播种面积，因此这部分的耕地轮作对粮食自己率没有影响。

国目前在粮食安全上只重视粮食生产，而未对降低粮食损耗及浪费等与增产等效的手段给予足够重视，这部分潜在增量占既有粮食生产量的近三分之一[58]。

2.5 我国主要农产品供求现状、耕地轮作现状与未来耕地轮作模式选择

既然耕地轮作对粮食持久安全有着不可替代的作用，那么我国耕地轮作的现状如何以及未来耕地轮作的努力方向就是我们接下来需要分析的主题。我们前面只是从宏观和理论层面上分析了我国耕地轮作的基本方向，而各粮食主产区实施耕地轮作的具体模式则需要根据我国目前主要农产品的国内供给状况，消费者对农产品的需求结构和净进口，以及生态型耕地轮作模式三者之间的结构对比来确定。

2.5.1 我国目前主要农产品的供求状况

为了从定量上准确掌握我国目前主要农产品的供求和贸易状况，我们对主要农产品的产量、消费量、进出口量和自给率等变量进行综合分析。在这一部分我们对使用两种方法计算的自给率进行对比分析。一是使用惯用的产量除以净进口量加产量的方法；二是用一年内消费量除以生产量来直接计算自给率。由于大数据的广泛应用，最近两三年主要农产品消费量的非“官方”统计数据已基本准确，所以直接用机构公布的消费数据来计算自给率已接近实际自给率。这样对二者进行对比就能更为准确地判断出目前的粮食自给率。按照宽口径的粮食保障范围，我们考察的主要农产品包括稻谷、小麦、玉米、大豆和油菜籽五种。具体原始数量和计算结果见表3。

表3　2018年中国主要农产品自给率情况表　（万吨、%）

	年产量	消费总量	进口量	出口量	净进口量	产/供自给率	产/消自给率
稻谷	21213	19288	308	208	100	99.5	109.9
小麦	13143	12226	287	0.7	286.3	97.9	107.5
玉米	25717	26068	352	1.2	350.8	98.6	98.7
大豆	1596	10386	8803	13.4	8789.6	15.4	15.4
油菜籽	1420	1960	475	0	475	74.9	72.4

数据来源：产量来源于《中国统计年鉴》；消费总量来源于《2019年中国粮食市场发展报告》；进口量和出口量来源于《中国统计年鉴》和国家粮油信息中心。其中油菜籽的出油率按40%折算；稻谷的出米率按70%折算。

从两种计算方法的结果上看，按照官方统计数据总供给除以产量计算所得的谷物自给率的确被低估了，但稻谷和玉米被低估的程度较小，在2－4个百分点；而小麦被低估的程度相对大些，这主要是由于2016年玉米价格大幅度下降致使小麦饲料替代随之锐减而导致的小麦消费减少造成的，2016年小麦的消费量较上年减少了943万吨。因此，从总量上看，目前我国谷物供给处于绝对安全状态，三大主粮中小麦和稻谷的产/消自给率较高均在100%以上，稻谷约达110%，小麦也达107%，玉米最近一两年略有降低但其产消自给率也接近了99%。耕地轮作考虑的正是各种谷物种植面积的总量问题，而不是各种谷物的内部结构问题，而目前我国谷物在总量上的自给率还有1－10个百分点的下降空间，以此减少粮食生产，从而促进耕地轮作。同时，世界粮食贸易总量也为我国利用国际农业资源弥补国内粮食需求、增进耕地轮作提供了有利的条件。目前世界粮食贸易总量稳定在3.91亿吨左右，其中小麦1.70亿吨，玉米等粗粮1.76亿吨，稻谷0.61亿吨①，从我国三大主粮的需求量与相应的世界粮食贸易总量对比来看，只有稻谷的贸易风险略大些，小麦和玉米的贸易风险较小。但稻谷的生产周期较短，只要耕地质量保持良好，短期内就可以实现供给增加，这又在一定程度上抵消了部分

① 数据来源：李经谋．2017年中国粮食市场发展报告［M］．中国财政经济出版社，2017。

稻谷贸易风险。

与粮食高自给率相反，我国油料自给率较低，尽管大豆的自给率近一两年内有所提高，但2018年大豆自给率仅为15.4%，油菜籽自给率为72.4%，并且大豆消费总量远远大于油菜籽量，2018年大豆的消费量达到10386万吨，油菜籽的消费量仅为1960万吨。同时油菜籽70%多的自给率是由于菜籽油的消费受到抑制，从而消费量变小，变小的消费量会提高其自给率，如果消费量得到恢复其自给率将会变低。而近几年菜籽油消费量及油菜生产受到抑制的原因是因为食用植物油具有很强的相互替代性，这样低价大豆的大量进口对菜籽油形成了明显的挤压和替代，进而导致油菜种植及水稻与油菜轮作的萎缩。总之，较大的油料国内需求和国内供给缺口为粮油轮作提供了可能性。

粮食需求结构及其可替代性是影响粮食作物轮作的另一个因素。在三大主粮中小麦和稻谷几乎都用作居民口粮，而玉米产量的70%用作饲料，由于饲料需求不断扩大，玉米无论是在种植面积还是在产量上都位居三大主粮的首位，目前我国玉米种植面积占农作物种植面积总量的25%。而玉米籽实饲料可以用生态和经济效益更好的青贮玉米、苜蓿等青饲料来替代，以实现粮饲轮作。粮饲轮作及发展饲草业在养殖和种植业两个层面上都表现出较好的生态和经济效益。用青饲料可以提高养殖效率和畜产品品质。学者王明利的研究表明，在奶牛养殖的传统模式秸秆加精料的基础上，日粮中每天添加3公斤干苜蓿，可减少1-1.5公斤精料，日奶产量可提高1.5公斤，原奶质量也可提高一个等级，同时由于奶牛食用了苜蓿其发病率明显下降，从而奶牛医疗费也得到了明显的下降，每头奶牛的整体养殖过程中可以减少1000元左右的医疗费[59]。王彦华的研究表明，苜蓿草粉配食在生猪养殖业中也有同样的效果。给繁仔母猪日粮中配食20%的苜蓿草粉，产活仔数提高22%；仔猪日粮中添加0.25-0.5克的苜蓿草粉时，仔猪可增重50克，其腹泻率也可降低8个百分点[60]。土地轮种青贮玉米及苜蓿等青饲料能够使其产出的营养物质倍增，但我国传统以粮为纲的战略更多的是追求作物的籽实，从而忽视了作物的全株利用；同时种植苜蓿等豆科青饲料也可以改善土壤、提高土地肥力。据测算，适时收获作物的地上部分营养体所获得的营养物质一般是籽实的3－5倍。优质苜蓿的粗蛋白含量高达20%，而稻谷蛋白质含量仅为8%，小麦的蛋白质含量为12%[61]。苜蓿种植也具有很强的固氮及改良土壤作用，对后茬作物增产作用也较为明显。连续种植三年苜蓿的土壤，每公顷可固氮135－225公斤，其后茬作物可增产30%－50%[62]。

尽管非粮饲料有如此的增产和生态效益，但目前我国青饲料作物的种植面积仅占总作物面积的1.32%，而饲料粮玉米的种植面积却达22%。相对应的是，优质牧草苜蓿的进口量却在不断增加，2015年的进口量已达121.34万吨。因此，在保证口粮基本安全的前提下，为了实现“藏粮于地”以及粮食持久安全，政府需要以战略的视角大力促进粮饲轮作。

2.5.2 目前我国耕地轮作现状及未来耕地轮作模式选择

三大粮食主产区东北平原、华北平原、长江中下游平原的粮食产量占我国粮食总产量的75%以上。同时，三大粮食主产区也包含了我国粮食耕作制度的基本类型。为此我们以这三大粮食主产区为主体，并从三大粮食主产区中分别选取具有代表性的省份对这三大粮食主产区耕地轮作现状及未来的耕地轮作模式选择进行具体研究。

三大粮食主产区目前土地耕作模式有如下基本特征：东北平原一年一熟区一种粮食作物常年连作成为主导。东北地区粮食作物主要为玉米和水稻，同时小麦种植面积在东北三省大幅度缩减；尽管黑龙江省大豆种植面积整体较大，但很大部分却是大豆常年连作，如黑龙江省北部的第五、第六积温区，尽管该省近一两年内大豆种植面积明显上升，但耕地轮作程度仍明显不足。

粮食生产集中度过高，小麦生产表现最为突出。一年两熟和三熟区粮食作物之间的轮作是耕地轮作的主导模式，在华北平原一年两熟区主要是冬小麦与夏玉米之间轮作；在长江流域主要是稻麦轮作，但只有湖南和湖北两省稻油轮作状况较好。具体而言，小麦生产主要集中在河北、河南、江苏、安徽、山东、湖北六省，2018年六省小麦面积占全国的76%。由于小麦的种植条件要求较低，大多数地区都可以种植，并且内蒙古、黑龙江、辽宁、吉林等北方省区还有种植小麦的传统和相对当地其他作物的比较优势。黑龙江省在1980年小麦种植达2100千公顷，在20世纪90年代还一直保持在1000千公顷以上，而2018年小麦种植面积仅109千公顷；同样内蒙古在20世纪90年代小麦的种植面积也一直保持在1000千公顷以上，最多时达1334千公顷，而目前却减少到了596千公顷。因此，这些地区可以适当鼓励轮作小麦，鼓励这些地区的水稻与小麦、大豆之间的水旱轮作，尤其是要鼓励黑龙江省第五、第六积温区的大豆与小麦之间的轮作。这样可以减轻小麦主产区的生态压力。而小麦主产区河北省正面临地下水过度开采的生态危机，恰恰需要适当调减小麦种植；江苏、安徽两大小麦主产区也有适当调减小麦种植的必要。

单一的生态型轮作模式——常年连作是我国粮食主产区耕地轮作的另一个特征。尽管这种轮作方式本身是合理的、生态的，但如果在一个地区长期保持这一单一的轮作模式也会使耕地土壤出现一定程度的营养失衡，从而也需要间断调整。比如，在水稻种植区水稻与小麦之间的水旱轮作就是一种改善土壤理化性质的轮作方式，但如果长期连作这种轮作模式也会导致土壤退化和农作物病虫害增多。具体而言，在江苏、安徽、湖北等省份表现为稻麦轮作模式的长期连作，关于这一点我们可以从这些省份水稻和小麦种植面积的数量关系上看出，以江苏省为例，表4显示，该省水稻和小麦的种植面积常年相差不大，并且二者的种植面积远远高于其他作物，同时绝大多数小麦是在稻茬上种植的，这说明江苏省常年以单一的稻麦轮作为主导，相对应的稻油轮作比例较低，因为油菜和小麦是冬季同一生长周期的竞争作物。长期的稻麦连作致使当地小麦的赤霉病发作频繁，小麦的品质和产量也随之有所下降。在河南、山东等省份则表现为小麦与花生的长期连作，尽管小麦与花生属于不同类作物——禾谷类作物和豆科类作物，但常年连作也会致使当地小麦的全蚀病和黄花叶病毒病常发，而花生会受根腐病的侵蚀。

表4　　2000－2018年江苏省稻谷、小麦、油菜种植面积表　（单位：千公顷）

年份	稻谷	小麦	油菜
2000	2203	1954	650
2001	2010	1712	681

续表

年份	稻谷	小麦	油菜
2002	1982	1715	668
2003	1840	1620	683
2004	2112	1601	689
2005	2209	1684	660
2006	2216	1912	525
2007	2228	2039	434
2008	2232	2073	454
2009	2233	2077	476
2010	2234	2093	460
2011	2248	2112	441
2012	2254	2132	421
2013	2265	2146	413
2014	2271	2159	398
2015	2291	2178	375
2016	2294	2189	336
2017	2237	2412	175
2018	2214	2404	159

数据来源：《江苏省统计年鉴2017》、《中国农村统计年鉴2019》。

从轮作程度上看，整体明显偏低，三大粮食主产区长江流域最高，其次为华北平原，东北平原最低。由于均衡的种植结构是耕地轮作的必要特征，所以我们用各地区轮作竞争作物的结构比例关系来大致判断各地区的耕地轮作情况。江苏省和安徽省以稻麦轮作为主导，两省的稻麦轮作比例都在50%以上。据调查，江苏省和安徽省的北部稻麦轮作更加普遍，比例更大，而相应的稻油和稻肥轮作比例较低，根据江苏省和安徽省的稻谷和油菜种植面积的比例关系，我们估算江苏省稻油轮作比例为7%左右，而安徽省为14%左右。皖南河镇1987年全县绿肥红花草和紫云英的种植面积为68914亩，到2005年只有14548亩[63]。湖北省稻油轮作比例大于稻麦轮作比例，在该省1150千公顷的油菜种植中有470千公顷为旱地油菜，余下的680千公顷为水田油菜，而小麦的50%－60%是由水稻茬生产的[64]，由稻麦轮作生产的小麦的面积是610千公顷，这样可以估算出湖北省稻油轮作比例为32%左右，稻麦轮作比例为29%左右。稻麦轮作比例常年较高而稻油轮作常年较低不利于土壤保护，因为尽管稻麦轮作实现了水旱轮作能改善土壤的好处，但毕竟二者都属于禾谷类作物，吸收土壤的营养成分有很大的相似性，长期连作也会造成土壤营养失衡和农作物病虫害增加。因此这些地区应适当减少稻麦轮作，相应增加稻油或者稻肥轮作。湖南省耕地轮作主要是稻油轮作，稻麦轮作比例极少，几乎可以忽略不计，其稻油轮作程度略好些，大约为35%，稻稻连作大约占50%。具体见表5。

表 5　2015年湖南省耕作制度表　（单位：千公顷）

麦稻稻	油稻稻	稻稻	麦稻	油稻	肥稻	冬闲稻
0.56	415.15	1591.50	10.53	745.58	191.26	131.61

数据来源：《湖南农村统计年鉴2015》，湖南省统计局。

冬小麦与夏玉米的一年两熟制是华北地区的主体轮作模式，尽管二者是不同作物，但二者都属于禾谷类旱作作物，二者吸收的养分极其相似，也需要间断性轮作其他非粮作物。因为华北地区一般一年种植一季冬小麦的耕作习惯是不变的，只是第二季才轮作玉米、大豆、花生、薯类等作物，鉴于小麦与玉米之间的长期轮作属于非生态轮作，所以我们用该省大豆、花生和薯类的种植面积总和与该省小麦种植面积的比例来衡量华北地区各省份的轮作情况。根据表6计算得到，河北省耕地轮作比例为25%，山东省耕地轮作比例为24%，河南省耕地轮作比例为30%。而东北地区轮作比例最低，吉林省耕地轮作比例为5%－10%，黑龙江省耕地轮作比例为20%－30%。

表 6　2018年各省区主要农作物耕种面积　（单位：千公顷）

省区	稻谷	小麦	玉米	豆类	薯类	花生	油菜籽
河北	78.4	2357.2	3437.7	116.0	226.2	258.1	19.4
内蒙古	150.4	596.7	3742.1	1307.4	351.6	28.6	246.2
辽宁	488.4	2.4	2713.0	82.8	90.0	286.1	0.8

续表

省区	稻谷	小麦	玉米	豆类	薯类	花生	油菜籽
吉林	839.7	1.2	4231.5	343.5	46.3	244.9	0.2
黑龙江	3783.1	109.4	6317.8	3741.9	160.2	17.4	1.8
江苏	2214.7	2404.0	515.8	257.1	35.7	98.4	159.1
浙江	651.1	85.4	49.3	113.1	72.7	15.8	104.9
安徽	2544.8	2875.9	1138.6	687.6	60.2	144.2	357.0
江西	3436.2	14.6	35.0	127.6	102.0	167.3	483.0
山东	113.8	4058.6	3934.7	158.0	103.9	695.3	8.6
河南	620.4	5739.9	3919.0	424.0	114.9	1203.2	145.0
湖北	2391.0	1105.0	781.2	247.1	308.1	232.6	933.0
湖南	4009.0	23.4	359.2	148.2	188.6	109.2	1222.2

数据来源：《中国统计年鉴2019》。

综合上述，结合各省份耕地轮作的特征及各省份的自然特征，江苏省和安徽省应适当减少小麦种植，尤其是在江苏省和安徽省的南部地区更有必要适当减少小麦种植，相应扩大油菜和绿肥种植面积。具体而言，在这两个省份的北部地区，仍以稻谷和小麦轮作为主导，第一季基本常年种植稻谷，第二季轮作作物可以每种植两三年小麦后改种绿肥或者油菜；南部地区采取双季稻种植为主导，第二季的水稻种植可以每隔两三年改种小麦、油菜或者绿肥。对湖南省而言，在平原地区尽量避免一年种植三季作物，以抑制对平原地区的过度耕种，鼓励以双季稻为主体的种植模式，第一季常年种植水稻，第二季采取水稻与油菜或者青饲料隔年轮作，第二季或者每隔3－5年种植一次绿肥；在丘陵地区鼓励一年两季的稻油、稻青饲料和稻肥轮作。在湖南省鼓励青饲料种植可以高效率地供给其生猪养殖大省对饲料的需求。对浙江省来说，在扩大单季水稻种植面积的基础上，增加耕地的复种指数，每年第二季可以隔年进行水稻、小麦、油菜的轮作。在浙江省进行适当小麦轮作，符合浙江省种植小麦的基本优势，浙江省水资源丰富，同时，该省小麦的亩产还略高于湖北省，并且小麦生产的机械化程度高。对于湖北省来说，在鄂东双季稻主导区推行第二季水稻间断与油菜或者绿肥轮作；在鄂西单季稻区扩大单季稻种植面积，提高耕地生产能力，第二季以轮作油菜为主，辅助绿肥轮作；鄂中江汉平原地区在目前以稻麦轮作主导的前提下，第二季推行小麦与油菜、水稻或者绿肥轮作[65]。对河南省来说，第一季基本种植小麦，在目前每年第二季轮作玉米的地区，应推行隔1－3年进行玉米与大豆、青饲料、红薯等作物轮作；在目前每年第二季轮作花生的地区，应推行隔1－3年进行花生与玉米、红薯、青饲料等作物轮作。由于河北省目前地下水开采过度，已属于地下水漏斗区，所以应适量减少耗水量较大的冬小麦种植①，应适当推行与华北其他地区不同的轮作模式，具体而言，应将生育期降水耦合度较高，其本身灌溉用水较少，且经济产值也较高的作物棉花、花生、甘薯、苜蓿等来替代传统的麦玉轮作模式，这样也可为后茬作物冬小麦提供良好的土壤水分环境，并同时提高了包括冬小麦在内的轮作作物产量，从而进一步提高冬小麦的水分利用效率[66]。主要轮作模式有：棉麦玉米两年三熟制轮作，第一年种植一年一熟的棉花，第二年轮作冬小麦和夏玉米，尤其是在常年连作的棉花主产区黑龙港流域更有推进此种轮作模式的必要；甘薯麦玉米两年三熟制轮作，第一年种植一年一熟的甘薯，第二年轮作冬小麦和夏玉米；四年五熟制的粮棉薯（甘薯—棉花—甘薯—冬小麦—夏玉米）轮作模式；两年三熟制的粮油（花生—冬小麦—夏玉米）轮作模式；三年五熟制的粮棉油（黑麦草—棉花—花生—冬小麦—夏玉米）轮作模式；苜蓿—冬小麦—夏玉米轮作模式，这种轮作模式前六年连作苜蓿，第七年轮作冬小麦和夏玉米；冬小麦与夏大豆、青贮玉米的一年两熟制轮作模式；在一年只能种植一季作物的低温地区，应鼓励玉米与大豆、青贮玉米的隔年轮作。

由于东北平原属于一年一熟耕作区，并且轮作程度最低，所以我们对粮食种植面积较大、具有代表性的吉林省和黑龙江省如何进一步扩展轮作进行更为具体的分析。吉林省2000－2018年三大作物玉米、水稻、大豆的种植面积即种植结构见表7。从表7可以发现，吉林省从2000年起玉米和水稻的种植面积有逐步上升的趋势，玉米种植面积在2016年即玉米临储收购政策取消的第一年略有下降，但2017年玉米市场价格又有回升趋势，这样玉米

---

① 由于冬小麦生育期降水量少，其降水耦合度较低，需要抽取大量的地下水进行灌溉，所以其耗水量较高。

种植面积略微下降的趋势将会受到抑制，加之玉米大量的市场需求，在现有市场条件下玉米将保持目前的较大种植面积，2017 年玉米的种植面积超过 4000 千公顷，2018 年达到了 4231.5 千公顷；大豆种植面积在 2015 年以前一直呈下降趋势，只是在 2016 年略有上升。并且玉米种植面积上升幅度远远大于水稻种植面积，近几年玉米种植面积一直占吉林省粮食种植总面积的 75%左右。2018 年玉米种植面积达 4231.5 千公顷，大豆种植面积 279.2 千公顷，水稻种植面积 839.7 千公顷。从 2000 年到 2018 年，玉米、大豆种植面积比例由 3.38:1 变为 15:1，如果实现隔年轮作的话，二者的比例关系应该是 1:1，如果是种植两年玉米再轮种一年大豆的话其比例关系应是 2:1。目前吉林省玉米与大豆种植面积15:1 的比例关系说明其耕地轮作程度较差，实现轮作的耕地只在 5%-10%。像吉林省这样的一年一熟区，常年连作一种作物对耕地土壤质量的破坏更大，因为一年两熟或三熟区至少可以在一年内实现不同程度的作物倒茬。玉米连作造成吉林省松辽平原玉米带的土壤养分失衡，耕层变浅，通透性变差，黑土地黑土腐殖层厚度明显变薄。因此，推动像吉林省这样一年一熟区的耕地轮作就更为迫切。吉林省应恢复以玉米与大豆之间轮作为主导的轮作体系。尽管玉米与大豆属于不同大类作物——禾谷作物与豆科作物，但如果长时间只种植这两种作物也会出现主要营养元素的失衡。这样可以辅助于玉米与饲料牧草或玉米与小麦的轮作。而进行牧草的生产和轮作正好可以满足当地畜牧业对牧草的需求。同时，进行小麦轮作也可以在其他地区小麦被轮作其他作物时来弥补小麦的需求缺口，以保障口粮安全。这也符合吉林省农科院的研究成果，他们的试验结果为吉林省应采取玉米—小麦—大豆—玉米和大豆—小麦—绿肥（即牧草）—玉米两种轮作模式。另外应重点支持水地的耕地轮作，因为在东北地区旱地改成水地需要不小的起始成本和投入，所以水稻种植户更有连作的惯性，而水稻可以和大豆、玉米进行水旱轮作。

表 7　　2000-2018 年吉林省玉米、水稻、大豆的种植面积表（单位：千公顷）

年份	水稻	玉米	大豆
2000	483.9	1821.1	538.9

续表

年份	水稻	玉米	大豆
2001	465.4	1927.2	476.8
2002	666.1	2579.5	415.0
2003	541.0	2627.2	430.0
2004	600.1	2901.5	525.9
2005	654.0	2775.2	504.8
2006	664.0	2805.9	448.4
2007	669.9	2853.7	355.9
2008	658.7	2922.5	373.4
2009	660.4	2957.2	437.4
2010	673.5	3046.7	376.8
2011	691.3	3134.2	304.8
2012	701.2	3284.3	230.0
2013	726.7	3499.1	214.5
2014	747.1	3696.6	213.6
2015	761.7	3800.0	161.4
2016	780.7	3656.9	196.9
2017	820.8	4164.0	220.2
2018	839.7	4231.5	279.2

数据来源：2000－2015年数据来源于《吉林统计年鉴2016》，2016－2018年数据来源于《中国统计年鉴》。

黑龙江省2000－2018年玉米、水稻、小麦、大豆的种植面积见表8，黑龙江省2018年各城市玉米、大豆的种植面积见表9。

表8　2000－2018年黑龙江省玉米、水稻、小麦、大豆的种植面积表

（单位：万公顷）

年份	水稻	小麦	玉米	大豆
2000	160.6	59	180.1	286.8
2001	157.7	38.3	211.0	287.4
2002	157.1	24.5	223.7	263.1

续表

年份	水稻	小麦	玉米	大豆
2003	129.5	21.4	203.5	324.2
2004	167.5	24.7	214.2	340.1
2005	185.0	25.9	273.0	421.5
2006	199.2	24.4	330.5	424.6
2007	225.3	23.3	388.4	380.9
2008	245.2	26.6	364.7	397.2
2009	263.6	33.7	485.4	486.3
2010	297.5	37.8	523.2	447.9
2011	344.8	41.5	590.4	346.2
2012	382.0	40.2	661.5	260.0
2013	403.1	17.1	709.9	230.2
2014	399.7	12.3	664.2	314.6
2015	384.3	7.5	772.3	235.5
2016	381.0	11.3	644.3	312.5
2017	394.8	10.1	586.2	373.5
2018	378.3	10.9	631.7	356.7

数据来源：《黑龙江统计年鉴2019》。

表9　　黑龙江省2018年各城市玉米、大豆的种植面积表　（单位：公顷）

地区	玉米	大豆
哈尔滨	1154589.6	219564.4
齐齐哈尔	1247750.5	522196.3
鸡西	216996.5	64066.6
鹤岗	54056.2	36653.8
双鸭山	192016.5	118867.1
大庆	421157.4	70795.4
伊春	42444.5	139932.4
佳木斯	418549.3	251741.9
七台河	120374.6	21312.5
牡丹江	320991.3	184231.7

续表

地区	玉米	大豆
黑河	288091.0	797031.3
绥化	1060066.4	345022.9
大兴安岭	7578.1	144371.6
农垦总局	707244.8	552635.8

数据来源：《黑龙江统计年鉴 2019》。

随着农作物及粮食种植面积的不断提高，黑龙江省水稻和玉米种植面积均有不断提高趋势，只是在 2016 年玉米种植面积才略有下降；玉米种植面积增加更加明显，与 2000 年相比，2018 年玉米种植面积是 2000 年的 3.5 倍，2018 年玉米种植面积为 631.7 万公顷；水稻种植面积也增长了 1.7 倍，2018 年水稻种植面积达到 378.3 万公顷，居全国第三位。而小麦种植面积却在不断下降，小麦种植面积最多时达到了 210 万公顷，在 1998 年之前还一直保持在 100 万公顷以上，到 2018 年只有 10.9 万公顷。大豆种植面积从 2000 年到 2006 年也呈不断增长趋势，但相对于玉米种植面积的增长速度而言，其增长速度比较慢，随后上下波动不断，到 2018 年为 356.7 万公顷。目前玉米种植面积是大豆种植面积的 1.8 倍，如果按大豆生产全部实现了轮作的话，黑龙江省玉米与大豆的轮作比例最多为 56%，但由于该地区南北气候差异较大，在该地区北部的第五、第六积温带不能种植玉米，这些地区常年种植大豆，而另外的地区常年种植玉米。从表 9 可以看出，玉米种植面积较大的哈尔滨市和齐齐哈尔市玉米种植面积是大豆种植面积的 5 倍；相反，在伊春、黑河、大兴安岭等市大豆种植面积却是玉米种植面积的好几倍，这说明黑龙江省玉米与大豆之间的轮作比例会明显低于 56%；同时如果大豆重茬其产量会明显降低，因此在玉米价格较高的 2012 年和 2013 年玉米和大豆的种植结构最接近实际轮作比例，按这两年的比例推算，黑龙江省玉米与大豆的轮作比例在 20%-30%，黑龙江省目前的玉米与大豆之间的轮作程度要好于吉林省，但轮作程度明显不足。另外，由于黑龙江省属于一年一熟区，在当地水田改为旱田需要很大的成本，加之种植水稻的利润又高于其他作物，农户一旦选择种植水稻就不再改变，而目前黑龙江省水稻种植面积已达

378.3万公顷，并且在2006年水稻种植面积就几乎达到了200万公顷，因此黑龙江省种植水稻的耕地的轮作程度几乎为0，这些耕地土壤退化会更快，更需要进行轮作。由于玉米和大豆是黑龙江省两大优势作物，所以该省可以适当推进水稻和大豆与玉米的轮作，原产地品牌“五常大米”的所在地五常地区也不要因为市场对五常大米的一直旺盛需求而忽视对土壤的保护，也应进行适度分块的耕地轮作①。就黑龙江省整体而言，该省南部地区以玉米与大豆之间的轮作为主导，辅助于玉米与其他作物如小麦、饲草等的轮作；北部低温区以大豆与小麦之间的轮作为主导，辅助于大豆与马铃薯、青贮玉米、饲草等之间的轮作。

① 我们认为原产地地理标识认证在某种程度上会抑制耕地轮作，地理标识产品是因为其特殊的气候、土壤等特定自然条件所决定的产品所具有的较好口感和特殊的营养成分，但较好的口感和特殊的营养成分并不代表一定就是高品质。然而由于具有良好的口感和特定环境导致产品需求较为旺盛，这样会促使当地农户只有保持其良好口感的积极性，而对产品的内在绿色品质的关注会受到忽视，这样就会抑制耕地轮作。假定为了弥补这一弊端，则需要再对地理标识的产品加上绿色品质的要求，但这就等于地理标识认证与绿色认证有了重复，而地理标识认证的产品的特定良好口感是消费者可以通过消费体验进行辨识的，没有必要进行单独认证，为此我们认为原产地地理标识的认证是没有必要的。由于政府在地理标识认证上也花费了大量的资源，同时生产者为了保持特定的口感也会施加过度的、非必要的劳动，如五常大米生产者为了保持大米的自然口感，要进行手工收割水稻，还要进行自然晾晒，事实上机器自动烘干对水稻的品质更有保证性，增加的劳动也因此抬高了价格，但大米的内在品质并没有因为消耗更多的劳动而变得更好，这就造成了劳动和政府资源的浪费。另外，地理标识认证产品具有区域公共品性质，搭便车问题也很难解决。除非对使用地理标识认证的产品的内在品质提出相应的要求，但这样又与其他质量认证有了重复。

第3章

粮食保护价与耕地轮作

3.1 引言

众多因素影响农户的种植行为，进而影响农业种植结构，包括农产品（预期）价格以及化肥、劳动力等投入品价格，机械易于使用程度和气候条件等。其中农产品预期价格是影响农户种植决策的主要因素。在国内外学者对农产品价格预期做出的很多模型中，Nerlove 的适应性预期模型的解释力较强，并且越来越受到学者们的认可。Nerlove 对农产品动态供给反应做出了开创性贡献，该模型认为农户的种植决策是对预期价格的反应，而预期价格的形成依赖以往各期价格，并不只是由上一期市场价格决定[67]。其假定农户是根据预期价格和实际价格之间的差距，对其单一农产品种植行为进行调整的，而这一假定简单有效地模拟了农户的种植决策行为。因此，Nerlove 认为是价格和预期价格之间的动态相互作用和引证影响着农户的生产预期和生产行为。而农户生产行为的直接表象——种植结构的变化情况正是耕地轮作情况的具体体现。

不同于一般商品完全竞争市场价格的形成，粮食价格会或多或少地受到各国政府的干预[68]。这是因为粮食是关乎国计民生的必需品和战略物资，粮食安全与口粮自给是一个国家的基本性安全，尤其是对中国这样的人口大国更是如此。因此，调控粮食价格一直是我国稳定粮食生产的一项基本措施，其中粮食保护价政策是我国基本的粮价调控手段。在我国，粮食保护价包括粮食最低收购价和玉米、大豆等粮食品种的临储收购价两类。根据 Nerlove 模型，政府的粮食保护价政策将会通过价格和预期价格的互动作用影响农户粮食种植行为，进而改变农业种植结构和耕作制度。而不同的粮食保护价水平、不同粮食种类及种植地区不同等都会对农户的粮食价格预期、粮食实际价格及农户供给反应产生不同的影响。本部分在总结我国粮食保护价政策实施的基本过程和基本特征基础上，从理论和实证两个层面对现行粮食保护价政策在实施过程中对农户粮食种植行为即对耕地轮作产生的影响进行系统的研究，进而对如何修正粮食保护价政策以促进耕地轮作提出相应的对策。

3.2 文献回顾

国外关于粮食保护价研究的成果较多，主要包括积极作用、消极作用和调整方向三个层面的研究。基本主导观点是价格支持政策促进了粮食生产，但效率低下，扭曲了市场机制和农业贸易。Luanne Lohr 认为粮食保护价的实施扭曲了社会福利[69]，而 Lilian Ruiz 发现粮食保护价扭曲了农业贸易[70]。Witzke 等研究发现美国的小麦和玉米价格支持政策对稳定和增加农民收入发挥了重要作用[71]。Kim 等分析指出价格支持政策在短期内能有效地降低价格波动。但是价格支持政策容易导致农产品价格扭曲，进而造成农产品过剩以及严重的财政负担和环境问题[72]。20 世纪末，为了减少财政预算赤字，适应 WTO 农业规则，美欧等主要发达国家和地区开始调整农业政策，逐渐由较大扭曲作用的价格支持措施向市场导向的收入补贴政策转变[73]。因此，目前国外研究的重点是如何改进和调整价格支持政策，使其对市场机制作用和农业贸易的干扰最小化[74]。

国外研究中也有极少的文献和本部分的研究主题——粮食保护价与耕地轮作的关系有直接关联。其中 Teresa Serra et al. 发现当农业支持采取的是价格支持形式时，农民就会采用密集的耕作方式，使用大量的化肥和农药，从而产生严重环境问题；而收到直接收入补贴的农户，他们就会减少对污染环境的产品的使用[75]；Huang 在研究价格支持及稻田转作政策对中国台湾稻米种植面积的影响时，发现鼓励增产的稻米价格支持计划与稻田转作计划会产生相互矛盾[76]。

国内关于粮食保护价方面的研究主要体现在三个方面：一是对粮食保护价的质疑和完全否定；二是粮食保护价的定价机制、现行粮食保护价实施的正负效应以及如何改革粮食保护价；三是对新一轮的玉米、大豆收储制度改革和稻谷及小麦最低收购价改革的效应研究。王东京呼吁完全放开粮价和实行休耕政策，从而藏粮于地[77]。林赟提出粮食过剩时，若实行粮食保护价会引起更多的过剩[78]。马晓河认为应取消粮食最低收购价和临时收储价政策，实行粮食安全目标储备制度下的高价收购制度[25]。刘婷等认为为了提高粮食市场纵向整合程度，需要逐步降低直至取消粮食价格支持政策[79]。关于粮食保护价实施效果及改进方面的研究成果较多，且主要集中在“托市”效应、对农户收入以及对农户种植行为的影响、对稳定粮食价格波动作用等方面。具有代表性的研究和观点如下：王双进指出我国每年公布的稻谷、小麦等主要粮食品种的最低收购价是全国统一的，并没有考虑不同地区、不同品种、不同品级的显性成本与机会成本差别[80]。张爽、张建杰等的实证研究表明粮食最低收购价对粮食主产区的粮食增产效果明显[81]、[82]。程国强、贺伟等重点研究了现行粮食保护价的负效应，发现现行粮食保护价不利于粮食市场价格的形成，扭曲了市场，造成了国内外粮价倒挂，从而出现库存积压与大量进口并存，同时对粮食加工企业的冲击也较大[83]、[84]。顾利丽、郭庆海等对玉米临时收储政策进行了研究，发现玉米临时收储制度导致东北地区粮食种植结构失衡加剧，出现了玉米“一粮独大”的状况[85]。童馨乐等认为在国内外粮价倒挂和粮食生产成本不断提高的背景下，为避免出现“谷贱伤农”现象，政府部门只有不断提高最低收购价才能实现粮食增产和保障农民收益的双重目标，使最低收购价制定陷入“只升不降”的困境，最终导致政策负外部性增大。因此，政府应将保障农民收益目标从最低收购价政策目标中分离出来，使其回归到稳定粮食产量的单一目标上[86]。程国强、李国祥等对如何改革粮食保护价进行了研究。程国强认为目前保护价政策目标多重、功能错位，要弱化其保收入功能，恢复并强化其粮食收购的保底和农户减损功能[87]。李国祥指出稻谷、小麦是我国最重要的口粮品种，其收储制度改革应在坚守底线前提下以最小扭曲市场为原则，可以在缩小最低收购价实施范围、合理确定最低收购价水平和选择多元化执行主体等方面进行重新设计和改革[88]。王力对最低收购价能否稳定粮食价格波动进行了实证研究，结果表明最低收购价明显地降低了政策执行区省份小麦价格的波动，而对稻谷价格波动的稳定作用并不显著[89]。对 2015 年以后玉米和稻谷及小麦价格改革所带来的影响方面的研究也有不少文献。李娟娟、刘慧等对玉米收储制度改革后的成效问题进行了研究。李娟娟研究发现取消玉米临储收购政策后，玉米价格由“托市价”、“政策价”转为市场价，价格总体上回归到了合理水平，基本实现了国内玉米市场价格与国际市场对接；同时种植结构也得到一定程度优化[90]。刘慧研究表明，对非优势区农户进行玉米生产者补贴弱化了农户调减玉米种植的积极性，因此其建议玉米生产者补贴要向优势区集中，而种植结构补贴要向非玉米优势区倾斜[91]。曹慧对粮食最低收购价政策改革所带来的影响进行了实证研究，发现 2017 年稻谷和小麦的收购价下调水平对我国粮食市场的影响较小；但如果下调幅度较大（如超过 10%）甚至取消将给粮食市场带来较大影响，将会导致粮食产量的明显下降，而她也同时强调稻谷和小麦产量的下降会刺激玉米增产，这将不利于农业结构调整[92]。周静、曾福生的研究表明，目前稻谷最低收购价的下调暂时没有减少稻作大户的水稻种植面积，究其原因，她们认为是适度规模经营等补贴政策有效缓解了价格下调风险[93]。彭长生、王全忠等用修改的 Nerlove 模型对稻谷最低收购价下调对农户种植行为的影响做了实证分析，结果表明价格下调对农户水稻种植面积的影响并不显著，但对水稻本身的种植结构产生了显著的正向影响，水稻的政府收购价持续下调初步显现出了水稻种植结构调整效应和质量结构升级效应，具体表现为，大农户逐渐减少产量高但口感和品质较差的双季稻种植面积，相应地增加了口感和营养更好的单季稻种植面积[94]。华树春、钟钰在对湘赣两地的调查研究也表明，在最低收购价下调的刺激下，在加工企业的带动下，订单生产在当地较为普遍，水稻订单种植农户开始调整种植结构，尤其是种植大户大面积减少早稻的种植，改种了优质稻和再生稻，而订单收购价格较市场价格高出 10% 左右[95]。上述文献的结论也提示我们在政府收购很难实行绿色品质定价机制时，想要激励农户种植优质粮食必须降低政府收购价。但他们只讨论了水稻种植品种的调整问题，并没有涉及对水稻品质影响更大的耕地轮作因素，即没有讨论水稻与油菜及绿肥等轮作种植对稻谷绿色品质方面产生的较大的积极影响。

上述关于粮食价格改革的研究成果对我们下一步研究如何调整粮食价格补贴政策更有利于耕地轮作将会有很大的借鉴意义，但目前的研究并没有和耕地轮作直接联系起来。尽管关于粮食保护价对粮食增产效应的研究已经暗含耕地种植结构问题，但并没有和耕地轮作联系起来，近两三年内也有文献由增产研究转向粮食增产产生的库存积压与大量进口并存的农产品结构问题，但绝大多数文献只是对单纯的农产品“调结构、去库存”问题进行讨论，也并没有与耕地轮作直接联系起来。同时，即使是增产研究也缺乏不同粮食品种的保护价对增产影响的比较研究，也缺乏同一粮食品种保护价在不同地区的增产效应比较研究。近期部分文献讨论了 2015 年以来我国实施的新一轮粮食保护价改革措施又重新引发新的资源集中、粮食结构失衡问题。叶兴庆、汤敏等指出在我国东北地区由于大豆、玉米和水稻三者之间是资源竞争性作物，2016 年取消了玉米临储收购政策，改为生产者补贴政策，水稻继续实行最低收购价政策，致使水稻收益高于大豆和玉米，这样东北部分地区有“旱改水”倾向，部分旱田改种了水稻[96]、[97]。这些具有前瞻性的观点对这一问题的研究会有很大的启示。

国内也有少数学者直接讨论了本部分的研究主题——粮食保护价对耕地轮作的抑制进而对生态安全的影响。陈明星指出除了分析粮食支持价格政策的增产、增收效应外，还要考虑政策实施造成的耕地轮作抑制问题从而引起的环境成本[98]；张伟兵指出三大主粮保护价收购及易于推广机械等因素导致的单一种植结构对我国生态安全和粮食安全构成了较大威胁[99]；纪志耿指出我国“保主粮、弃辅粮”的粮食安全策略从长期看会造成耕地肥力下降和农产品安全格局的失衡[100]。但这几篇仅有的文献也仅限于粗略宏观描述层面，并没有进行具体的理论与实证层面研究。

3.3 我国粮食保护价执行情况分析

这里的粮食保护价是指2004年以来国家制定和实施的粮食最低收购价和2008年开始执行的玉米、大豆等粮食临储收购价。粮食最低收购价实际上是我国粮食流通市场化改革的阶段性产物。从2004开始我国全面放开粮食购销市场，粮食市场逐步呈现出了购销市场化和购销主体多元化，正常情况下粮食收购价格由市场供求关系决定。但也提出“在粮食供求形势发生重大变化时，由国务院决定在主产区对短缺重点粮食品种实行最低收购价格”。按经济学常识粮食短缺其价格自然会上涨，这样就没有必要制定和实施最低保护价政策。这主要是针对国家在1998－2003年实施了一系列鼓励农业种植结构调整的政策后导致种粮效益下降，粮食大幅度减产，与1998年相比，2003年全国粮食减产15.9%，农民种粮积极性受到不小影响，政府为了给农民提供一个良好的心理预期，出台了最低收购价政策，让农民预期到粮食收获时价格至少不低于最低收购价，以达到激励农民扩大粮食种植的目的。因此，政府实施粮食最低收购价政策的初衷是“保供给”，即保证国家粮食安全和粮食的有效供给。同时，由于粮食需求弹性较小，加之国际国内粮食价格联系日益紧密，国内粮价受国际市场的影响越来越显著，为了防止粮食过剩时产生农民“卖粮难”以及相应的“谷贱伤农”现象，政府也会实施粮食保护价收购政策。总之，就单纯能使市场充分发挥调节农业资源配置而言，政府实施粮食保护价政策的合理目标应该定位为提升农民种粮信心和稳定粮食产量的“托底”收购。

政府从2004年起开始单独对稻谷实施最低收购价制度，从2006年起又将小麦也纳入最低收购价范围，并且目前政府对这两大口粮仍在实施最低收购价制度。具体措施为，政府对稻谷和小麦实施最低收购价预案和在指定的主产区启动预案机制，非指定区域粮食以及指定区域的非指定粮食品种价格均由市场决定，不执行最低收购价政策。每年在稻谷和小麦播种前政府公布当年稻谷和小麦的最低收购价执行预案，收获后当市场价格低于最低收购价时政府启动收购预案进行国储敞开收购；当市场价格高于最低收购价时，预案不启动，各类收购主体按市场价格自行收购。小麦最低收购价执行区为河北、河南、山东、湖北、安徽和江苏 6 个省份；稻谷最低收购价执行区有 11 个省份，其中执行早籼稻收购的区域有湖北、湖南、江西、安徽和广西；执行中晚稻收购的区域有湖北、湖南、江西、安徽、四川、吉林、黑龙江、广西、江苏、辽宁和河南。综合上面分别的执行区可以看出，河南、湖北、安徽和江苏为最低收购价的稻谷和小麦的双品种执行区。执行时间也有明确规定，超出政策执行期限农民只能按市场价出售粮食。小麦最低收购价执行时间为当年 6 月初到 9 月底；早籼稻最低收购价执行时间当年为 7 月中旬到 9 月底；中晚稻最低收购价执行时间为当年 9 月中旬到 12 月底，东北三省粳稻最低收购价执行时间当年为 11 月中旬到次年 3 月底。

根据上述具体执行规则内容，我们不难发现粮食最低收购价发挥怎样的作用以及作用效果主要取决于最低收购价水平、粮食收购的质量标准以及政策执行的频率和区域范围，尤其是最低收购价水平尤为重要。2008 年以前由于稻谷最低收购价制定得较低，多数情况是市场价高于最低收购价，只有 2005 年和 2006 年南方稻谷收购启动了最低收购价政策，其他年度和东北地区均没有启动。2008 年以前粮食最低收购价一直维持同一水平保持不变，2008 – 2014 年，粮食最低收购价一直保持每年持续上涨趋势，2014 年后保持不变或者下调（见图 1 和表 10）[①]。2009 年上涨的幅度较大，各品种的最低收购价水平平均提高了 15%，而 2011 年、2012 年和 2013 年水稻最低收购价平均上涨幅度在 12%，2014 年上涨幅度下降到 2%；小麦最低收购价在 2009 年、2013 年和 2014 年上涨幅度较大，平均在 10%，而总体每年平均上涨幅度也在 7%（见图 2 和表 10）。较 2004 年开始实施最低收购价以来，早

---

① 数据来源：三大主粮和油料的政府收购价来源于国家粮食网站中“政策文件”，http://www.china-grain.gov.cn/n316630/n316660/n316735/n326789/n512551/index.html。由于以下图表的数据来源基本一致，为了减少重复，数据来源不再一一列在每个图表的下面，而是采取了统一说明的注释。

籼稻最低收购价上涨了93%，中晚稻上涨了92%，粳稻上涨了106%；小麦最低收购价也上涨了69%。由于国内粮价持续上涨，导致粮价出现明显的国内外价格倒挂，粮食库存过大，到2013年三大主粮水稻、小麦、玉米国内批发市场价格与进口完税后价格比例分别到达137.2%、115.9%、122.1%[101]。从2014起，国家开始调整粮食收购政策，启动“价补分离”的市场化改革。稻谷和小麦虽然保持最低收购价政策，但最低收购价水平改变了过去只升不降的做法，进行了不变或者下调的调整。并于2018年大幅度降低了稻谷的最低收购价，同步着手建立配套的稻谷生产者补贴政策，推动以往“价补合一”的最低收购价政策向“最低收购价加补贴”政策转型。2014－2016年稻谷最低收购价水平保持不变，2017年开始下调，但2017年下调幅度较小，仅为2%－3%，2018年下调的幅度较大（见图1和表10），每100斤早籼稻、中晚稻和粳稻分别降低了10元、10元和20元，下降幅度分别达到了7.6%、7.3%、13.3%，而2019年维持了2018年水平，最低收购价没有改变；2014－2017年小麦最低收购价水平保持不变，2018年和2019年以每年每100斤下调3元的幅度进行了下调（见图2和表10），每年下降的幅度较小，仅为2%－3%。在最低收购价下调的同时各地相继实施了生产者补贴措施，农民每销售1斤水稻上海补贴0.15元，福建补贴0.10元；江西省是每亩地补贴27元。

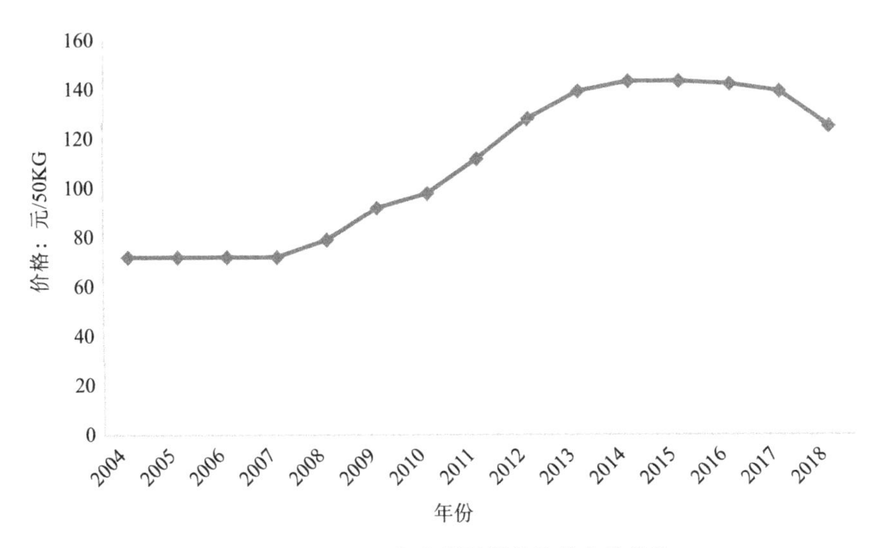

图1　2004－2018年水稻最低收购价变化趋势

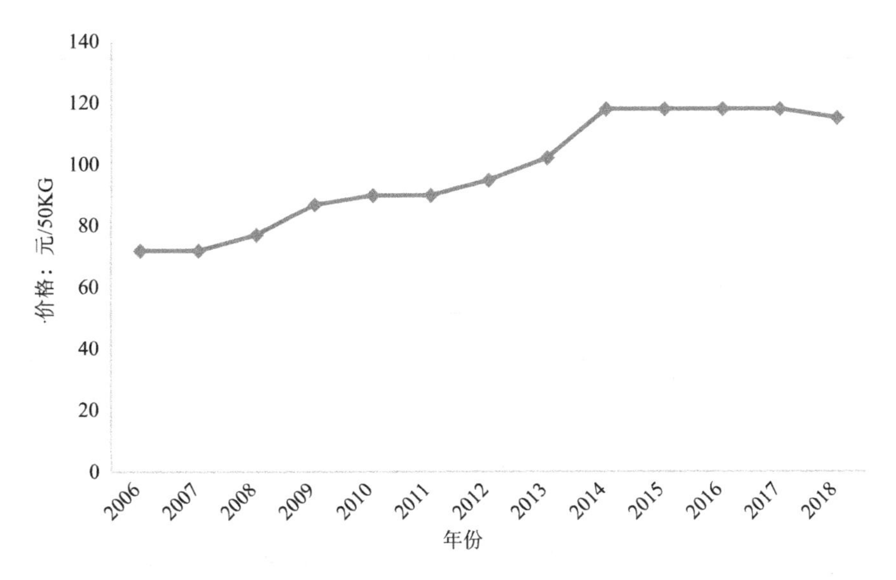

图2　2006－2018年小麦最低收购价变化趋势

表10　　2004－2019年粮食和主要油料的保护价、收购价标准　　单位：元/斤

年份	早籼稻	中晚籼稻	粳稻	白小麦	红小麦	混合麦	玉米（内蒙古、辽宁）	玉米（吉林）	玉米（黑龙江）	大豆	油菜籽
2004	0.70	0.72	0.75								
2005	0.70	0.72	0.75								
2006	0.70	0.72	0.75	0.72	0.69	0.69					
2007	0.70	0.72	0.75	0.72	0.69	0.69					
2008	0.77	0.79	0.82	0.77	0.72	0.72	0.76	0.75	0.74		2.20
2009	0.90	0.92	0.95	0.87	0.83	0.83	0.76	0.75	0.74	1.87	1.85
2010	0.93	0.97	1.05	0.90	0.86	0.86	0.91	0.90	0.89	1.90	1.95
2011	1.02	1.07	1.28	0.90	0.93	0.86	1.00	0.99	0.98	2.00	2.30
2012	1.20	1.25	1.40	0.95	1.12	0.93	1.07	1.06	1.05	2.30	2.50
2013	1.32	1.35	1.50	1.02	1.18	1.12	1.13	1.12	1.11	2.30	2.55
2014	1.35	1.38	1.55	1.18	1.18	1.18	1.13	1.12	1.11		2.55
2015	1.35	1.38	1.55	1.18	1.18	1.18	1.00	1.00	1.00		
2016	1.33	1.38	1.55	1.18	1.18	1.18					

续表

年份	早籼稻	中晚籼稻	粳稻	白小麦	红小麦	混合麦	玉米（内蒙古、辽宁）	玉米（吉林）	玉米（黑龙江）	大豆	油菜籽
2017	1.30	1.36	1.50	1.18	1.18	1.18					
2018	1.20	1.26	1.30	1.15	1.15	1.15					
2019	1.20	1.26	1.30	1.12	1.12	1.12					

由于在稻谷和小麦推行最低收购价的最初阶段收到了良好效果以及国内外粮食市场形势的变化，政府于2008年把粮食价格保护政策延伸到了玉米、大豆和油菜籽三种粮食品种上，对玉米、大豆和油菜籽开始实施粮食临储收购价政策，其中玉米执行区只限于东北三省和内蒙古自治区。2008年为了应对金融危机造成的国际农产品市场价格大幅下降的冲击，我国启动了对玉米、大豆和油菜籽的临储收购政策。与最低收购价政策相比，临储收购政策并不是在播种前就公布收购价格，也不实行敞开收购，而是中央政府每年在农产品收获后，根据市场价格情况，确定当年是否启动临储收购以及收购价格和收购数量。因此临储收购政策具有临时性的特点。临储收购的初衷和目的是为了解决农民“卖粮难”及减少农民损失。尽管临储收购政策是临时性的、随机性的，但在增产目标导向下，政府在2008年到2014年间使其成了“短期”连续性政策，从2010起玉米临时收储价格持续上涨（见图3和表10），并且敞开收购。2010年上涨幅度达到20%，2011－2013年每年也以平均7%的幅度上涨。2008－2014年玉米临时收储价格涨幅接近50%，由2008年的每斤0.75元持续上涨到2014年的每斤1.12元，导致玉米市场收购价在供过于求的态势下出现随玉米产量逐渐增加价格也逐年上涨的反常现象。由于玉米库存压力增加、玉米替代品进口增加与玉米国内外价格倒挂，政府在2015年将玉米临储收购价格降到了每斤1.00元，并在2016年彻底取消玉米临储收购政策，改为“价补分离”的市场化支持政策。大豆临储收购政策实施时间较短，2009年开始执行，2013年取消，仅实施5年，价格上涨幅度小于玉米，累计上涨22%。油菜籽临储收购实施了6年，2013年取消，价格上涨幅度最小，累计为16%。

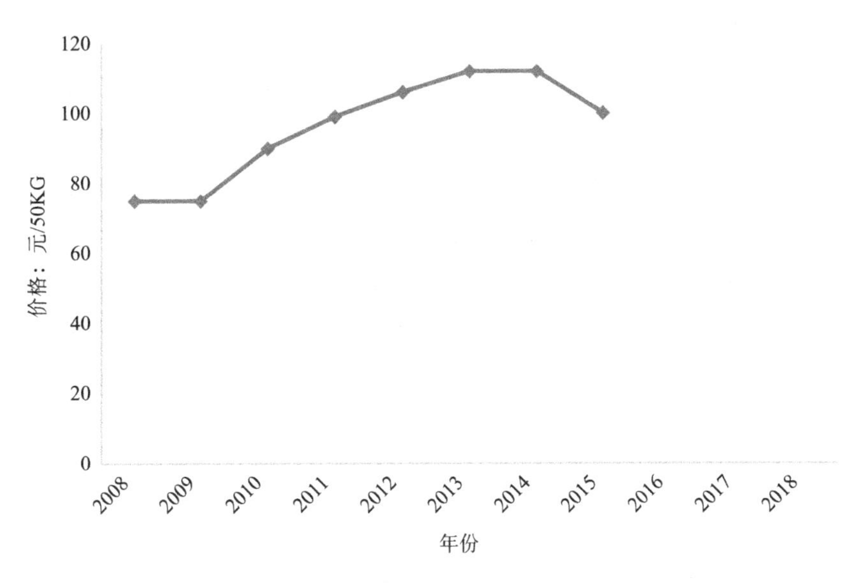

图3　玉米临时收储价格变化趋势

综上所述，2004－2019年我国实施粮食保护价的特征如下：第一，政策执行只限于特定区域和特定粮食品种。如黑龙江省只是玉米、水稻和大豆的执行区，而不是小麦的执行区。第二，存在双品种执行区。如河南、湖北、安徽和江苏为最低收购价的稻谷和小麦的双品种执行区。第三，可以划分为两个阶段。2004－2014年为持续提高托市价阶段，收购价刚性持续上涨，托市价格未能反映粮食供求关系。三大主粮收购价稻谷的上涨幅度最大，累计提高90%以上，小麦累计提高60%以上，玉米累计提高50%以上。2015－2019年为降低或者取消托市价阶段，并同步推行生产者补贴政策，逐步实现粮食价格由市场决定。从2016年取消玉米、大豆和油菜籽临储收购，从2016年开始下调稻谷最低收购价，从2018开始下调小麦最低收购价。稻谷最低收购价下调幅度高于小麦，稻谷最低收购价下调幅度达到了10%，小麦最低收购价下调幅度仅为4%左右。2019年稻谷最低收购价与2018年持平。小麦最低收购价继续以2%－3%的小幅度下调。第四，粮食最低收购价的确定没有充分考虑品种价差、品质差价和地区差价以及国际市场价格状况。由于主粮不同品种、不同品质和不同地区的成本收益差距较大，因此不同品质、品种和不同地区的粮食最低收购价应该根据其成本和品质差别大小进行对应的差别确定，才能鼓励农民种植优质粮食和保持不同地区农民的收入分配公平。目前最低收购价确定尤其没有考虑粮食的绿色品质差别，国家在收购时只按照数量收购无法体现粮食的绿色品质价值[102]。因此，最低收购价政策通常只能在保障粮食数量供给方面发挥作用，而对于更好地满足人们生活水平提高后对粮食高质量消费需求的要求往往“力不从心”[103]。结果也就造成了绿色优质粮食供给不足和农业污染严重的双重困惑。第五，最低收购价没有把专用粮食品种包括在内。最低收购价只针对常规粮食品种，不包括专用和特殊品种，导致农民不愿意种植专用粮食，使粮食品种出现了结构性矛盾[104]。

3.4 我国目前粮食最低收购价政策对耕地轮作影响的实证分析

粮食保护价政策的实施效果体现在多个层面，如对农民收入的影响、对粮食价格的影响、对粮食收储效率的影响、对粮油加工企业的影响以及对农户粮食种植行为的影响。这些层面与我们研究的主题——耕地轮作相关的是粮食价格以及粮食价格对农民粮食种植行为的影响，因此，我们只从相互关联的粮食价格与农民粮食种植行为两个方面来分析粮食保护价政策的执行效果。我们先从最终效果即对农民粮食种植行为的影响来研究粮食保护价政策执行效果。而农民粮食种植行为的改变直接表现为农民粮食种植面积的改变。因此，我们选择粮食种植面积的变化来研究粮食保护价政策对农民粮食种植行为的影响。我们从统计学和计量经济学两个角度来分析粮食保护价政策对粮食种植面积价变化的影响。

3.4.1 粮食最低收购价政策对每种粮食全国总种植面积的影响

从主要农作物种植面积趋势图可以看出（见图4、图5、图6），三大主粮水稻、小麦和玉米都呈现出随最低收购价上涨其种植面积也随之上涨的趋势①。

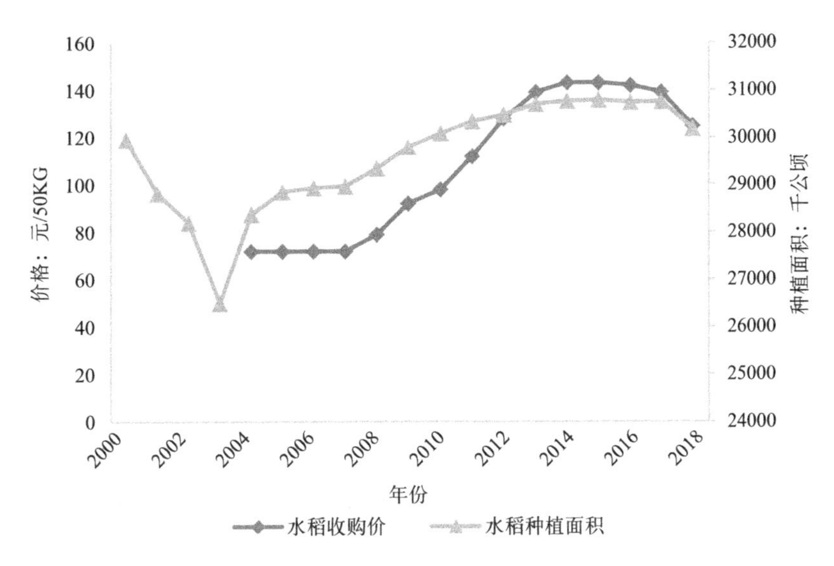

图 4　2000 –2018 年全国水稻种植面积随最低收购价变化的趋势图

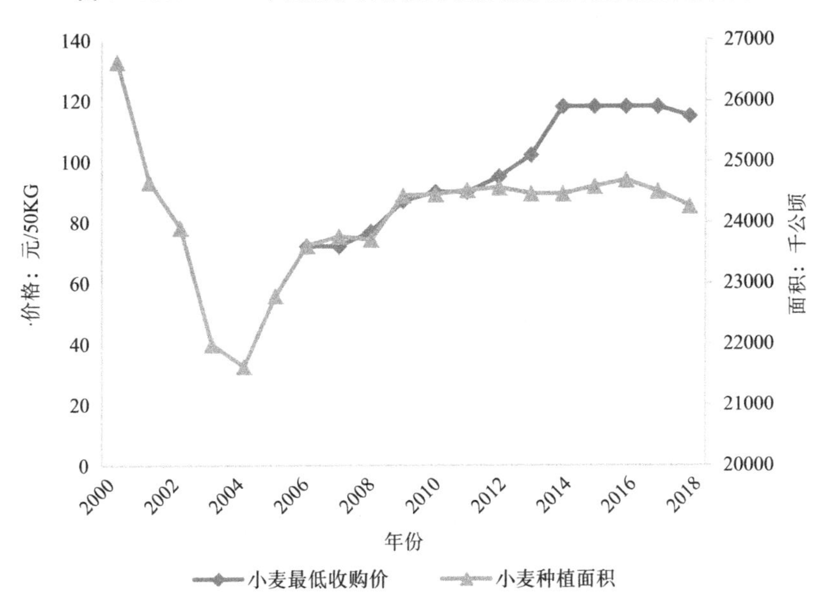

图 5　2000 –2018 年全国小麦种植面积随最低收购价变化的趋势图

---

① 数据来源：农作物的种植面积来源于每年的《中国统计年鉴》；粮食的最低收购价来源于国家粮食局网站；粮食的市场价格和粮食生产成本来源于《全国农产品成本收益资料汇编》。

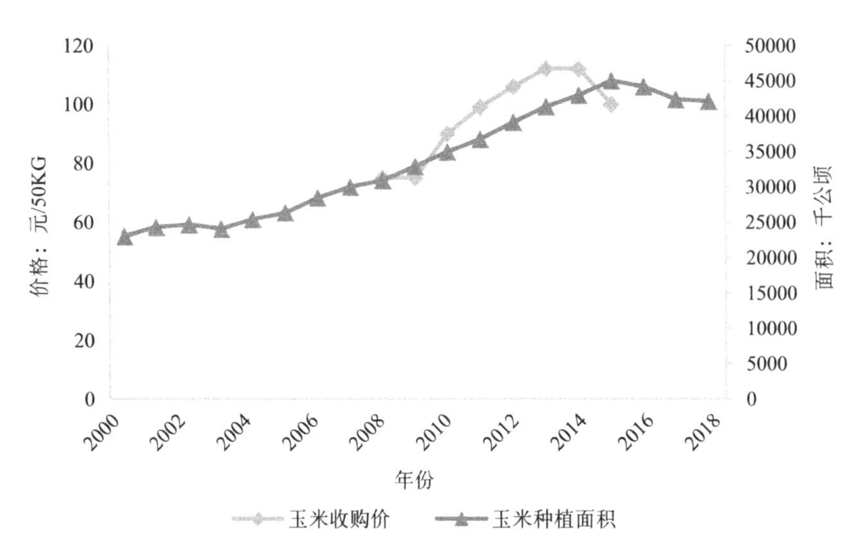

图 6　2000－2018 年全国玉米种植面积随最低收购价变化的趋势图

其中水稻和玉米种植面积变化趋势与最低收购价变化趋势的一致性越发显著，并且边际递增趋势延续的时间也较长。水稻种植面积变化与最低收购价变化的一致性更加显著并且维持时间也较长，直到 2016 年开始下调为止。2012－2014 年尽管小麦最低收购价也在上调，但其种植面积处于基本稳定不变状态，即 2012－2014 年小麦种植面积对最低收购价上涨表现得极不灵敏，这源于土地供给刚性和收益递减的双重作用。2015 年玉米最低收购价上涨了 50%，其种植面积上涨也随之高达 38%；2014 年水稻最低收购价上涨了 98%，其种植面积也随之上涨了 9%；2014 年小麦最低收购价上涨了 68%，其种植面积上涨了 4%。在三大主粮种植面积随最低收购价上涨而同步上涨的同时，与粮食作物轮作的油料作物大豆和油菜的种植面积却在连年持续下降①（见图 7、图 8）。

我们假定在实施最低收购价之前耕地轮作处于较好状态，在粮食最低收购价开始实施并不断上涨阶段，如果仍能保持很好的耕地轮作的话，那么粮食

① 大豆临储收购政策并没有起到刺激大豆种植的作用，相反随着大豆临储价格的上升大豆的种植面积反而下降了。这是由于玉米与大豆的多重临储收购政策改变了作物比价关系，加剧了玉米对大豆种植面积的替代。

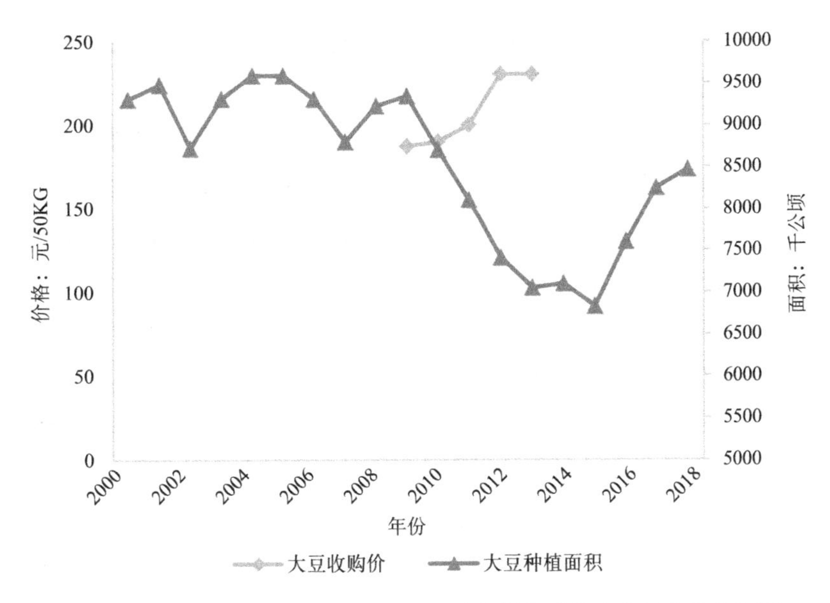

图 7　2000－2018 年全国大豆种植面积随临储收购价变化的变化趋势图

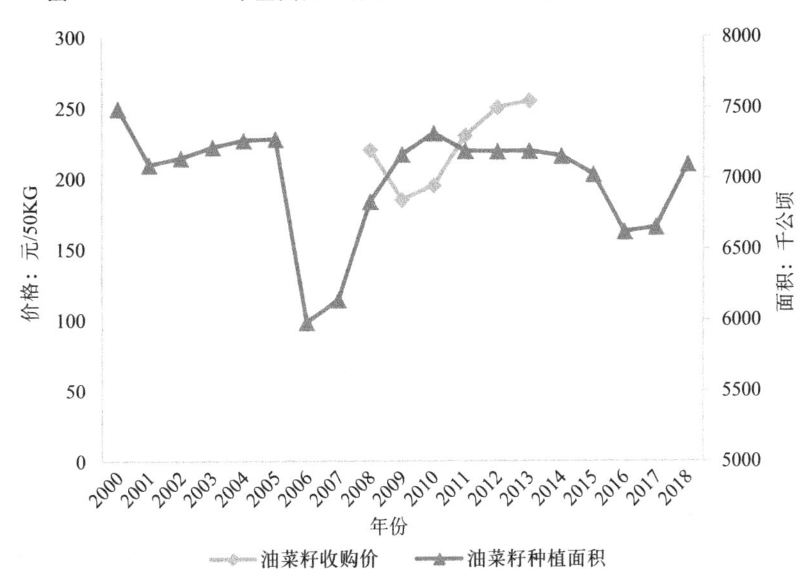

图 8　2000－2018 年全国油菜籽种植面积随临储收购价变化的变化趋势图

与其轮作作物油料的种植至少应该保持变化方向一致的结构比例关系，但实际却是持续上涨的粮食保护价致使粮食与其轮作作物油料的种植面积呈现持续相反的增减关系（对比图 4、图 5、图 6 与图 7、图 8 可见），并没有出现轮作应该出现的粮食种植面积在轮作年份间断地有所下降、而轮作作物油料的种植面积在轮作年份有所间断性上升的起落关系。

2014 年以后政府对三大主粮的收购政策进行了不同程度的调整。水稻和小麦的最低收购价开始下调，玉米临储收购被取消。但下调后的最低收购价水平，加之生产者补贴政策的共同作用，或者玉米种植的单独生产者补贴作用，均没有使三大主粮常年连作的局势得到根本性扭转。

2014 - 2015 年水稻最低收购价保持了基本不变，2016 年开始下调，2016 年和 2017 年下调比例较低，仅为 2% - 3% ，2016 年和 2017 年水稻的种植面积与 2014 年和 2015 年的种植面积也基本一致，全国只下降了 38 千公顷。2018 年水稻最低收购价下调幅度较大，从 2017 年的每斤 1.39 元下调到 2018 年的每斤 1.25 元，下调幅度 10% ，但水稻种植面积下降幅度大大低于最低收购价下降幅度（见图 4），种植面积仅下降 1.8% ，这说明水稻最低收购价大幅度下调对农户水稻种植面积的影响并不十分显著。周静的微观实证研究也表明，由于存在耕地地力保护补贴和适度规模经营补贴，弥补了稻作大户因农作物市场价格波动带来的收入损失风险，稻谷最低收购价下调并没有明显减少稻作大户的水稻种植面积[93]。水稻最低收购价下调 10% 对农户种植行为的影响并不十分显著的事实说明，在种粮农户对最低收购价依赖的惯性作用、稻谷较大的需求刚性及其下调最低收购价后启动的生产者补贴政策的增收效应共同作用下，目前水稻最低收购价水平对水稻市场价格的形成仍然起到较大决定作用。政府较大幅度下调稻谷最低收购价，目的是让稻谷价格回归市场，充分发挥市场机制在配置农业资源中的作用，而保障种粮农户收入的功能从价格支持政策中分离出来，由生产者补贴政策来实现。然而由于目前的稻谷最低收购价水平仍能保证种粮农户获得不小利润水平，加上生产者补贴，种粮农户仍然可以获得较高的利润，事实上在稻谷较大的刚性需求作用下，特定品种的生产者补贴政策相当于变相的价格支持政策，又间接地提高了本来下调的最低收购价，从而使目前稻谷市场价基本还表现为“政策价”，最低收购价仍然起着“托市”作用。我们在江苏等省份调研中就发现，在近两年水稻最低收购价下调到每斤 1.25 元时，绝大多数种粮民户仍然以最低收购价把稻谷卖给了国储粮库。而从与水稻轮作作物的油菜种植面积变化来看，尽管

2018年国家在局部地区实施稻谷与油菜轮作试点政策，油菜种植面积有了不小的提高（见图8），但与达到基本稻油轮作要求的结构比例还相差甚远。

小麦最低收购价在2014年上涨到最高点后，2015－2017年保持稳定不变水平，2018年开始下调，下调幅度较小，仅为2%－3%，2018年小麦种植面积也有所下降，但下降的幅度有限，仅为0.97%（见图5）。同时，我们在河南省和江苏省调查发现，目前下调幅度较小的最低收购价仍然起着“托市”作用，小麦最低收购价仍然左右着小麦市场价，这两个省的种粮农户仍然以目前的最低收购价作为预期价格来决定自己的种植行为，收获后或者以每斤高于最低收购价2分钱的价格卖给市场，或者以最低收购价水平卖给国有粮库，只有专用小麦的价格基本脱离了目前最低收购价水平的“约束”。因此，尽管最低收购价有所下调，但在特定品种生产者补贴政策的间接刺激下，目前最低收购价水平仍然对粮食的市场价格起着决定性作用，从而其仍然对耕地轮作有着较大的抑制。

为了充分发挥玉米种植的市场机制调节作用，从2016年起国家取消了玉米临储收购政策，取而代之的是“价补分离”的直接补贴政策，玉米价格和交易完全由市场机制来实现，种粮农户按种植面积多少获得生产者补贴。收储政策取消后玉米市场价格呈现出了先降后升的变化趋势，目前趋于平稳，价格每斤平均在0.95元，但2016年玉米价格降到了每斤0.76元。并且目前国内玉米价格水平已与国际价格持平甚至还略低于国际水平，进口玉米价格优势已经消失，而在2014年玉米国内价格最高时，与国际最高差价达每吨1015元[105]。2015年取消玉米临储收购政策后，玉米种植面积连年持续下降，但整体下降幅度较小（见图6），仅下降6.3%，而玉米临储收购政策执行期间玉米种植面积上涨达38%，2017年玉米种植面积占全国农作物总播种面积的比例仍然达到了25.49%，比2015年最高比例的26.95%只降低了1个百分点，并且从种植面积上看，玉米仍然是我国第一大粮食作物。同时玉米的竞争作物大豆的种植面积增幅也不明显。尽管由于粮豆轮作试点补贴政策的局部实施和黑龙江非玉米优势区（冷凉区）玉米改种大豆的共同作用，从2016年起大豆种植面积呈现出逐年上涨趋势（见图7），但其增长幅度较小，其种植面积与玉米相比，二者种植面积的结构关系远远没有达到实现基本轮作的比例关系。2017年大豆种植面积占全国总农作物种植面积比例增长到了4.96%，但当年玉米种植面积占比却高达25.49%，并且大豆种植面积的增长还有很大比例是大豆优势主产区（黑龙江冷凉区）的贡献，剔除这一部分大豆种植面积会进一步降低玉米优势主产区的耕地轮作比例。我们在内蒙古和吉林两大玉米主产区的调查也从微观上佐证了这样的结论，玉米临储收购政策取消后玉米优势主产区绝大多数种粮农户的玉米种植面积并没有发生明显变化。宏观数据也显示玉米“价补分离”政策对内蒙古两大玉米优势区赤峰市、通辽市玉米种植的影响越发不显著，赤峰市玉米种植面积在“价补分离”政策背景下反倒呈现出小幅度上升，由2017年的770.34万亩上升到了2019年的776.32万亩，小幅增长了0.78%；通辽市也是如此，玉米种植面积由2017年的1564.42万亩上升到了2019年的1604.18万亩，小幅增长了2.54%。顾莉丽、郭庆海等对吉林做了更为具体的实证调查分析，也得到了同样结论，在玉米临储政策取消情况下，玉米主产区少有种粮农户调减玉米种植，缩减玉米种植的种粮农户多分布于玉米结构调整的“镰刀湾”地区[106]。由于玉米优势区的玉米种植在各地区占绝对主导地位，因此玉米“价补分离”政策对优势区玉米种植调节效果不明显就意味着这一政策从整体上看没有达到预期效果。概括地讲，临储收购政策取消后，玉米种植面积下降幅度不显著的原因主要有：玉米用途广，需求量大，销售容易，销售风险极小，加上生产者补贴，种粮农户种植玉米也能获得较大的收益。事实上，像玉米这种用途较广，需求量大且需求弹性也较大的粮食品种，实施特定品种生产者补贴政策有一定程度的变相价格支持效应，仍能起到一定程度的刺激玉米种植的作用，这与种植结构调整的目标略显冲突。学者廖进球等也指出，政府在实施生产者补贴政策时要科学制定补贴发放方式，合理把握补贴力度，从而不断强化农民种粮的效率意识[48]。因此，目前的玉米生产者补贴政策对玉米与其他作物的轮作（如大豆）仍有很大程度的抑制作用。

3.4.2 粮食最低收购价对每个执行区粮食种植面积的影响

从单个执行区来看，三大主粮种植面积随收购价上涨而连年持续上涨的趋势，以及粮食与轮作作物的种植面积持续相反的增减关系会更加明显。见图 9。2006 年，国家开始实施小麦最低收购价后，6 个小麦最低收购价执行区的小麦种植面积均呈现出了随收购价上涨种植面积也在不断上涨的趋势，各执行区小麦种植面积均上升到了一个新台阶，其中河南省和山东省表现更为突出；河北省在小麦最低收购价执行的初期也同样表现为随最低收购价上涨小麦的种植面积也随之上涨的趋势，2008 年以后由于国家对河北省地下水漏斗地区的特殊限制，小麦种植面积才逐渐平稳，对收购价上涨显得不太灵敏。

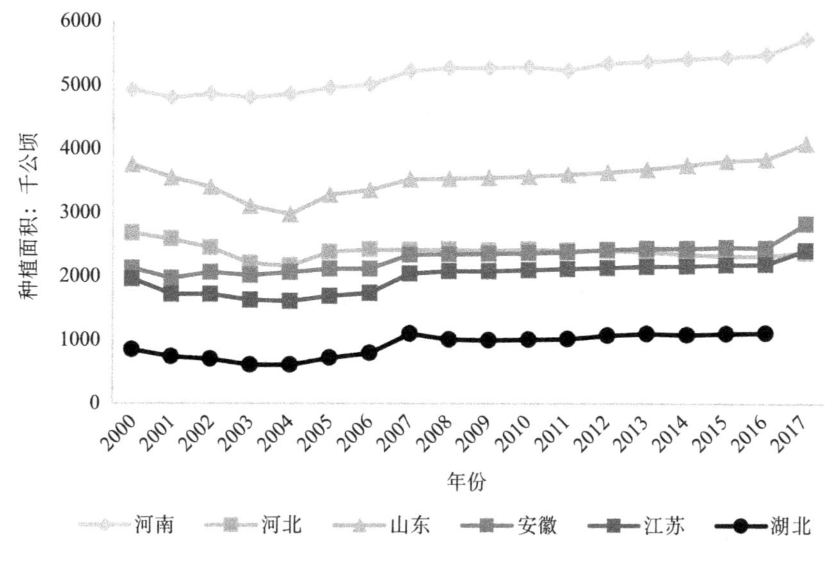

图 9　2000 – 2017 年河南省、河北省、山东省、安徽省、江苏省、湖北省小麦种植面积趋势图

东北地区的黑龙江省和吉林省作为玉米与大豆之间的传统轮作区，随着国家在 2008 年对东北地区实施“长期性”的持续刚性上涨的玉米临储收购价后，两个省的玉米种植面积连年持续上涨，相对应的轮作作物大豆的种植面积却呈现连年持续下降趋势，从收购价的刺激种植效果对比上看，三大主粮中玉米的效果最大，其中吉林省表现更加显著（见图 10）。2015 年是玉米临储收购政策实施的最后一年，吉林省玉米种植面积达到 3800 千公顷，而大豆种植面积却从 2009 年玉米临储收购政策实施初期的 437 千公顷下降到了 2015 年的 161 千公顷，致使 2015 年玉米与大豆种植面积的比例关系达到了24:1，这表明二者之间的轮作比例极低，因为即使是每种植4年玉米轮作一次大豆的话，二者之间比例关系也需达到4:1左右。

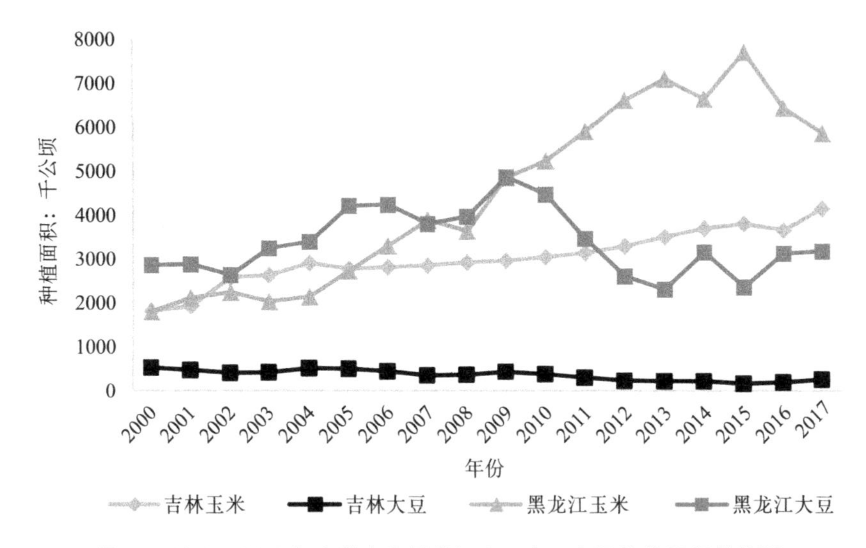

图10　2000－2017年吉林省和黑龙江省玉米、大豆种植面积趋势图

南方稻作区也呈现出同样的状况（见图11）。从2004年开始实施最低稻谷收购价以来，随着稻谷收购价连年持续上涨，湖南省、湖北省、江苏省和安徽省四大稻谷主产区稻谷种植面积也呈现出逐年持续上涨趋势，而油菜种植面积在油菜籽收购没有实施临储收购之前的2008年4个省表现为连年持续下降，2008－2014年实施临储收购期间，湖南省和湖北省由于油菜籽收购价持续上涨，油菜种植面积也呈现出了上涨趋势①，而后开始下降；而作为小麦和稻谷最低收购价的双品种执行区安徽省和江苏省在稻谷和小麦收购价均连年刚性上涨的双重刺激下，由于小麦挤占了与其竞争轮作作物油菜的种植，即使是在油菜籽临储收购执行期间临储价不断上涨的条件下，2个省的油菜种植面积仍呈现出了逐年下降趋势；而没有出现轮作所应该表现出来的粮食与油菜种植面积的间断性上涨或者下降关系。2017年江苏省稻谷的种植

① 油菜籽执行临储收购期间，油菜种植面积上涨而构成的菜籽油需求的上涨并不是现实需求的真正增长，是国家按临储价收购油菜籽后榨油，菜籽油又作为储备油进入国家储备，由于其价格较高受到进口低价油的冲击，很难实现顺价销售，多数情况下国家储备菜籽油常年囤积在国库中，造成巨大浪费，不得不停止临储收购政策。因此，如此维持的特定耕地轮作只是暂时的与不可持续的。

面积达 2237 千公顷，小麦的种植面积达 2412 千公顷，而油菜的种植面积仅为 175 千公顷，稻谷与油菜二者种植面积比例达到 13:1，远远没有达到保证能实现耕地基本轮作的粮油种植比例关系。因此，收购价在刺激粮食种植面积增长的同时抑制了与其竞争的轮作作物的种植，从而抑制耕地轮作。

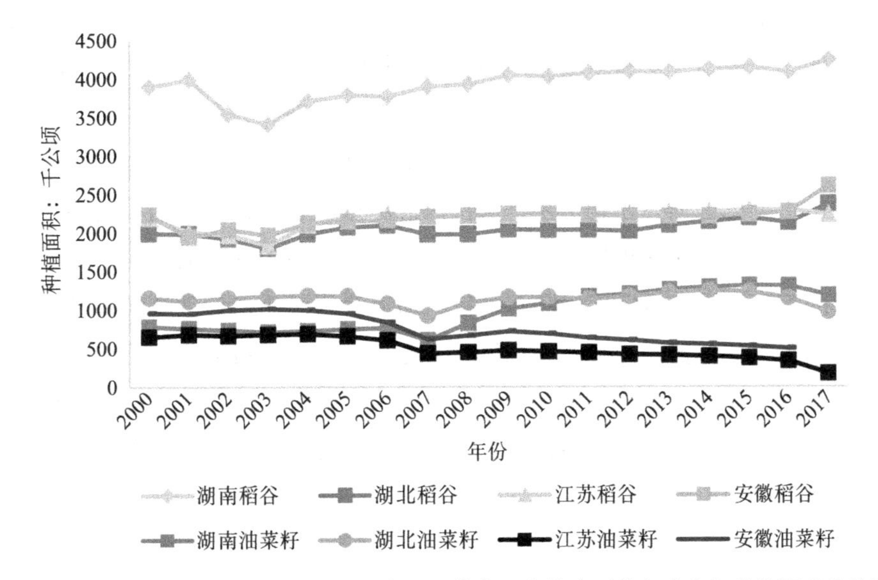

图 11　2000－2017 年湖南省、湖北省、江苏省、安徽省稻谷和油菜籽种植面积趋势图

3.4.3　粮食最低收购价对执行区和非执行区粮食种植面积影响的对比分析

由于粮食最低收购价执行区的粮食种植面积是我国粮食种植的主体区域，执行区粮食种植面积总和占我国总的种植面积比例在 70% 以上，这样用粮食最低收购价执行区数据足以表示出最低收购价对粮食种植面积的影响，但为了更加鲜明地显现出最低收购价的直接影响，我们在粮食主产区基础上，比较一下最低收购价对执行区与非执行区粮食种植面积的影响。我们把分别占全国稻谷和小麦总种植面积 90% 以上的省区定为稻谷和小麦的主产区。根据历年中国统计年鉴数据，占稻谷总种植面积 90% 以上的省区包括黑龙江、江苏、安徽、江西、湖南、湖北、广西、四川、辽宁、河南、吉林、浙江、福建、云南、广东、重庆和贵州 17 个省区，其中，黑龙江、江苏、安徽、江西、湖南、湖北、广西、四川、辽宁、河南、吉林 11 个省区为国家规定的稻谷最低收购价政策执行区，浙江、福建、云南、广东、重庆和贵州 6 个省区为非执行区。同样，占小麦总种植面积 90% 以上的省区包括河北、江苏、安徽、山东、河南、湖北、山西、内蒙古、黑龙江、四川、云南、陕西、甘肃、宁夏和新疆 15 个省区，其中，河北、江苏、安徽、山东、河南、湖北 6 个省为小麦最低收购价的执行区，山西、内蒙古、黑龙江、四川、云南、陕西、甘肃、宁夏和新疆 9 个省区为非执行区。从图 12 和图 13 可以看出，无论是稻谷还是小麦，执行区总种植面积随最低收购价的逐年上涨，其种植面积也在逐年持续上涨；而非执行区稻谷的种植面积在前 3 年有小幅度的下降趋势，而后逐年基本平稳；而非执行区小麦的种植面积总体呈小幅度下降趋势。把执行区和非执行区区分开来，发现最低收购价对粮食种植面积的刺激作用越发突显，而对非执行区种植面积减少的逆激励作用而言，小麦受到的影响大于稻谷，但总体而言，小麦受到的影响程度很小，稻谷基本没有受到影响。总之，粮食保护价抑制了耕地轮作。

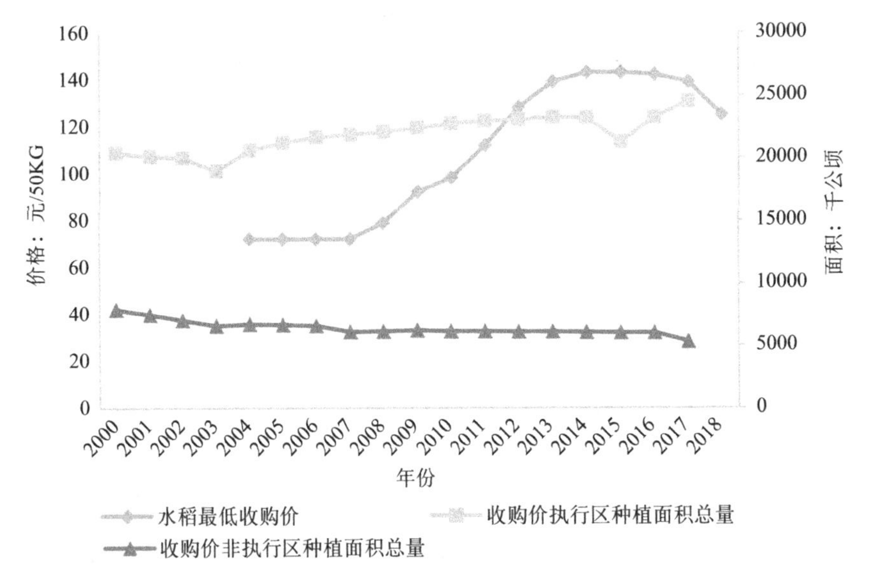

图 12　2000－2018 年水稻最低收购价、收购价执行区种植面积总量、非执行区种植面积总量对照变化趋势

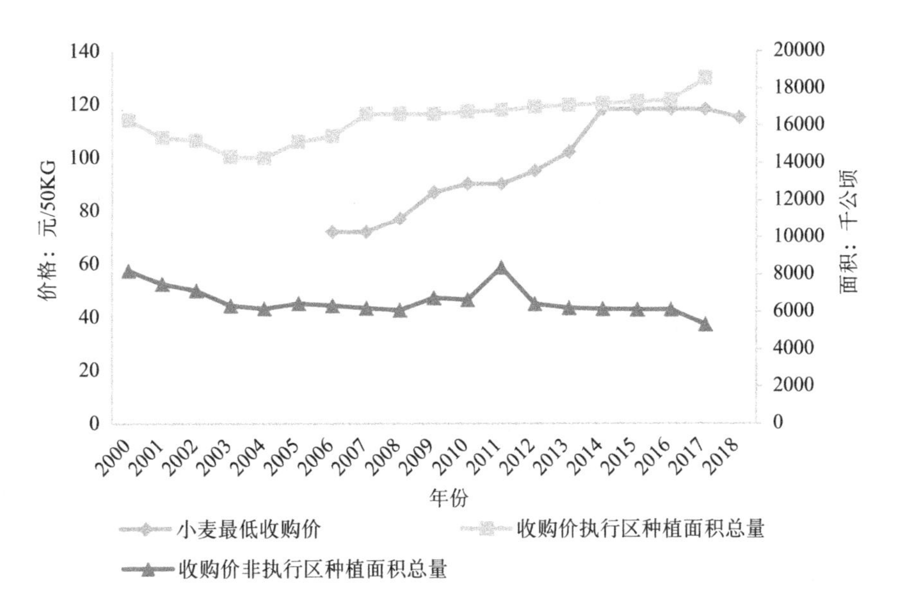

图 13　2000－2018 年小麦最低收购价、收购价执行区种植面积总量、非执行区种植面积总量对照变化趋势

3.4.4　粮食最低收购价对耕地轮作影响的计量实证分析

上述关于粮食最低收购价对耕地轮作影响的统计学角度分析，在具体的影响程度上还不够十分准确，本部分将对最低收购价和临时收储价对种粮农户生产积极性的具体影响程度做出准确计量分析。关于政府收购价对种粮农户种植行为影响的实证分析方面的文献也不少，但主要还是采取种粮农户供给反应 Nerlove 模型来做分析的，并且多数只是针对水稻和小麦最低收购价的影响分析，少数文献把政府最低收购价和临储收购价对种粮农户种植行为的影响做了一并分析。由于本部分对三大主粮种植的政府收购价供给反应都要做出实证分析，所以借鉴了把三大主粮一并做了实证分析的、李丽和朱璐璐两位学者的计量分析模型[107]。模型具体构建如下：因变量分别为早籼稻、小麦和玉米的播种面积。之所以以播种面积来衡量农户种粮积极性，是因为“播种面积”较“粮食产量”指标更加能反映农户自身主观的种粮积极性，而粮食产量还会受到土地、肥力、气候等客观因素的影响，即粮食产量的增加或许是非人为因素引起的。自变量的选择上，我们依据简化形式的 Nerlove 模型：

$$A_t = b_0 + b_1 P_{t-1} + b_2 P_{t-2} + b_3 P_{t-3} + \varepsilon_t$$

根据该模型，我们选取了如下指标构造了各种粮食作物的播种面积函数：

$$Y_{it} = \alpha + \beta_1 Y_{t-1} + \beta_2 P_i^e + \beta_3 P_{j,t-1}^{\varepsilon} + \beta_4 C_t + \beta_5 MP_t + \beta_6 L_t + \beta_7 F_t + \beta_8 D_t + \beta_9 P_{t-1} + \varepsilon_t$$

其中，因变量 Y_{it} 为某粮食品种的播种面积；自变量 Y_{t-1} 为某粮食品种的上一期播种面积；P_i^e 为某粮食品种的最低收购价或临时收储价，小麦和水稻为最低收购价，玉米为临时收购价；$P_{j,t-1}^{\varepsilon}$ 为竞争作物的价格指数；C_t 为同期地区生产成本价格指数；MP_t 为同期地区农业机械总动力；L_t 为同期地区劳动力投入；F_t 为同期地区化肥价格水平；D_t 为同期成灾面积；P_{t-1} 为上一期粮食市场价格。

收集的计量数据分别为，2004－2018 年实施水稻最低收购价政策的安徽、江西、湖南、湖北和广西 5 个省区的早籼稻播种面积函数的面板数据，2004 年是水稻实施最低收购价政策的第一年，由于南方籼稻与北方粳稻的种植性质略有不同，本部分收集了性质完全相同的所有的早籼稻最低收购价执行区 5 个省区的数据；2006－2018 年实施小麦最低收购价政策的河北、河南、江苏、安徽、山东、湖北 6 个省区的小麦主产区的小麦播种面积的面板数据，小麦最低收购价实施晚于水稻 2 年，2006 年是第一年，所以数据起始年份为 2006 年；2008－2015 年实施玉米临时收储价政策的内蒙古、辽宁、吉林和黑龙江 4 个省区的玉米主产区的玉米播种面积的面板数据，2008 年是玉米临储收购的第一年，2015 年以后政府取消了玉米临储收购，所以数据选取时间段为 2008－2015 年。其中，播种面积、竞争作物价格指数、成灾面积、地区农业机械总动力的相关数据来源于《中国农村统计年鉴》的分省农业数据，粮食价格、生产成本、劳动力投入和化肥价格的相关数据来源于《全国农产品成本收益资料汇编》。

针对面板数据，在构建模型前进行了模型选择，其结果支持固定效应模型。在对该模型进行自相关和组间异方差检验后，采取异方差稳健性估计。

以早籼稻、小麦最低收购价和玉米临时收储价作为种粮农户的预期价格，根据供给反应模型，种粮农户会依据预期的价格因素和其他非价格因素来调整自己的种植决策行为。我们利用 stata15 固定效应模型估计结果见表 11。

表 11　　　　播种面积函数回归结果

变量	变量名称	水稻	小麦	玉米
因变量	播种面积	-	-	-
自变量	上一期播种面积	0.5875*** [0.013]	1.0109*** [0.000]	0.1853 [0.329]
	最低收购价	243.4805** [0.021]	140.1203* [0.081]	388.6318** [0.036]
	竞争作物价格指数	-	-27.5609 [0.410]	-1.9284 [0.383]
	生产成本	-0.5357** [0.030]	0.24206 [0.168]	-0.7404 [0.463]
	机械总动力	0.0125 [0.206]	0.00523 [0.436]	0.7168** [0.023]
	劳动力投入	0.0703*** [0.015]	0.0002169 [0.996]	3.0185 [0.311]
	化肥价格	-0.3337 [0.364]	-1.4890** [0.029]	-1.3498 [0.256]
	成灾面积	-	-0.0622 [0.016]*	-0.0494*** [0.018]
	上一期市场价格	-54.423 [0.400]	-270.008*** [0.007]	269.1989 [0.248]
	截距项	151.8424 [0.242]	366.0304*** [0.004]	-2230.846 [0.397]
	调整后的 R^2	0.7265	0.8635	0.9615

注：星号代表的显著性 * P<0.1，** P<0.05，*** P<0.01。

根据早籼稻播种面积模型的回归结果得出：

$$Y_{it} = 151.8424 + 0.5875Y_{t-1} + 243.4805P_i^e - 0.5357C_t + 0.0125MP_t + 0.0703Lt - 0.3337Ft - 54.423P_{t-1} + \varepsilon_t$$

该模型调整后的 R^2 为 72.65%，说明选取的自变量对于因变量有较强的解释力。早籼稻当年的最低收购价对播种面积有非常显著的积极影响。在5%的显著性水平上，最低收购价每增加 0.1 元，播种面积增加 243.48 平方千米。水稻的生产成本对播种面积有着显著的负向影响，符合预期；劳动力投入的增加会使种植面积增加，这是由于水稻种植相对其他两大主粮需要劳务较多的缘故；上年市场价格对当年的种植面积影响不显著；由于因变量具体为早籼稻种植面积，而南方早籼稻的种植期内没有竞争作物，所以该模型未加入竞争作物价格指数变量；由于早籼稻的生长周期较短，同时受灾后又可以及时补种，所以也没有加入成灾面积变量。

根据小麦播种面积函数的回归得出如下结果：

$$Y_{it} = 366.0304 + 1.0109Y_{t-1} + 140.1203P_i^e - 27.5609P_{j,t-1}^{\varepsilon} + 0.24206C_t + 0.00523MP_t + 0.00021Lt - 1.4890Ft - 0.0622Dt - 270.008P_{t-1} + \varepsilon_t$$

从该模型可以看出，最低收购价对小麦的播种面积有积极的促进作用，收购价每增加 0.1 元，小麦播种面积增加 140.12 平方千米。化肥价格与小麦的播种面积呈负相关，符合预期与逻辑，在经济意义上，化肥价格影响生产成本，从而影响种植面积。化肥价格与粮食种植面积的负相关也证实了我们的观点，由于耕地轮作可以减少化肥使用量，为了提倡粮食与油料作物耕地轮作，政府不能人为地压低化肥价格。成灾面积对当年的小麦播种产生负向影响，且在统计上均显著。上一期小麦的市场价格对小麦的播种面积呈显著的负相关影响，可能的原因是小麦的市场价格主要代表的是优质专用小麦价格，而优质专用小麦价格的上升会导致优质专用小麦的种植面积扩大，并相应地导致了普通小麦种植面积的减少，结果小麦总种植面积减少，这种推理和猜想有待于进一步的验证。但在政府收购价很高并政府收购占主导的情况下，小麦的价格和种植面积仍主要受政府收购价的支配。

对玉米播种面积函数进行回归得出如下结果：

$$Y_{it} = -2230.846 + 0.1853Y_{t-1} + 388.6318P_i^e - 1.9284P_{j,t-1}^{\varepsilon} - 0.7404C_t + 0.7168MP_t + 3.0185Lt - 1.3498Ft - 0.0494Dt - 269.1989P_{t-1} + \varepsilon_t$$

玉米上一期的临时收储价格系数为 388.63，说明上一年的临时收储价每增加 0.1 元，种粮农户就会调整自己对玉米的价格预期，增加玉米种植面积

388.63平方千米，即临时收储价对农户种植玉米的积极性产生了正向显著影响。农业机械总动力对当年玉米播种面积产生正向影响，成灾面积对玉米播种面积产生负向影响，且都在统计上显著，符合预期。回归结果中玉米竞争作物大豆的价格与玉米的种植面积关系不显著的可能原因是，玉米与大豆之间种植收益差距较大，玉米种植较大豆种植省事的条件下，在大豆市场被分割为转基因和非转基因两个市场的条件下，并且榨油大豆在国外低价转基因大豆的挤压下，并不显著的大豆收购价上涨对玉米的种植面积影响不大。

上述实证分析结果表明，政府的最低收购价和临时收购价对粮食主产区农户的粮食生产存在显著的正向影响。这和我们在上一节的统计学角度分析中得到的结论是一致的。也表明不断上涨的收购价会激励农户扩大粮食种植，同时会减少轮作作物的种植，即不断上涨的粮食收购价抑制了耕地轮作。从影响的程度上看，三种粮食作物对收购价的供给反应有所不同，玉米的临时收购价对玉米播种面积的正影响最大，水稻次之，小麦最小。政府收购价对农户玉米种植行为影响较大的原因在于，玉米种植对土壤等自然环境要求较低，全国大部分地区都适合种植玉米；同时玉米种植也较其他作物省事。不同的影响程度间接地提示我们，今后政府在进行玉米产业政策调整时不宜一次性幅度太大，需要循序渐进地进行政策调整，比如，就政府对生产者补贴政策来说，三大主粮相同的补贴额度，将会引起玉米种植的反应程度过大，从而引起种植结构的失衡。因为小麦种植对价格调整的反应程度较小，如果要进行水稻和小麦的最低收购价调整改革，可以先从小麦试行而后再逐渐推广到水稻，这样就可以实现最低收购价改革的平稳进行。

3.5 目前粮食收购价政策对耕地轮作抑制的机理分析

如实证分析结果所显示的，具有“托市”性质的最低收购价和临储价粮食收购政策，避免了粮食市场价格波动，稳定了种粮农户收益，有力地促进了农户的种粮积极性，使我国粮食产量自 2004 年实施此政策以来实现了“十六连增”，近几年均超过 6 亿吨，目前我国粮食供给出现了供给有余的良好局面。但在收获如此成就的同时，目前粮食收储政策也产生了巨大的弊端。具有“托市”性质的粮食价格定价机制影响和扭曲了市场机制发挥，致使国内国际粮食价格倒挂，粮食市场呈现出了高产量、高库存、高进口并存的尴尬局面。高库存对应的问题是粮食的浪费和较大的管理成本，同时粮食总量过剩还伴随着粮食本身的结构性短缺和其他农产品的供给不足。而更为严重的弊端是，目前政策付出了较大的生态代价，粮食持久安全受到了威胁。这是由于过度激励粮食生产，从而挤占了轮作作物的种植，抑制了耕地轮作，加剧了农业面源污染和农业发展的不可持续。为此，目前的粮食最低收购价政策需要加以修正，以解除其对耕地轮作的桎梏。上述计量分析的理论模型只是服务于计量分析本身，并没有对粮食保护价如何抑制了市场机制发挥以及阻碍了农业结构优化，从而抑制耕地轮作的机理做出深入的分析。本部分我们对粮食收购价实施方式抑制耕地轮作的机理加以分析，为如何改革目前的最低收购价政策提供了基本依据。

3.5.1 粮食市场自身的一定程度的“谷贱伤农”现象可以较好地促成耕地轮作

分析耕地轮作受到收购价政策抑制的机理，实质上就是分析粮食收购价如何使全国和执行区粮食种植面积和粮食产量保持了 16 年持续增长趋势，而相对应的轮作作物的种植面积出现了连年持续下降趋势，从而使粮食和轮作作物的比例关系远远不能满足轮作的要求。粮食作为特殊商品，由于其自身的市场特征以及产量波动的客观内在性。粮食具有较低需求价格弹性和较高供给价格弹性，供需弹性的不对称会经常性地引起粮食价格波动，进而引起粮食种植面积和产量波动。因此会经常出现“多收了三五斗”的丰收悖论与“谷贱伤农”现象，并且谷物价格比平均生产成本还低的情况也会时有发生。从世界范围上看，粮食作为特殊商品其产量波动也是正常规律[108]，见图 14。

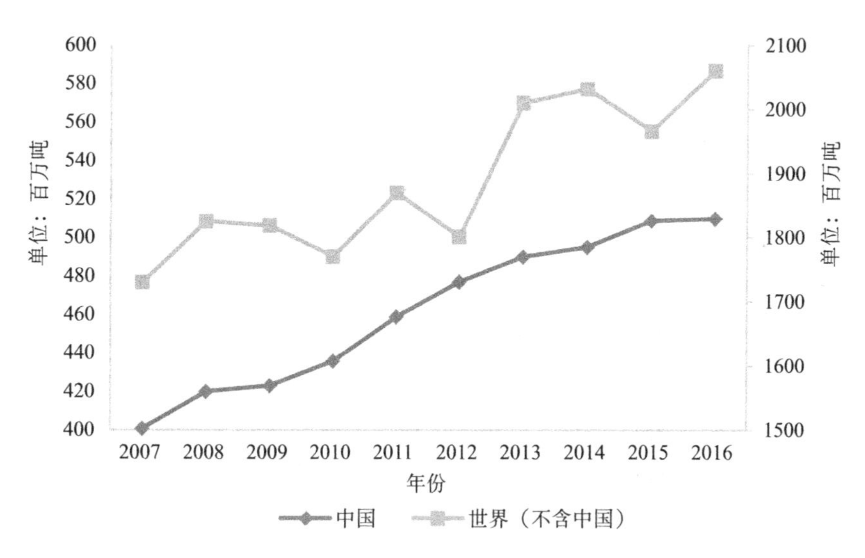

图14　2007－2016年中国与世界粮食产量图（单位：百万吨）

2007－2014年世界粮食产量总体呈上升趋势，但每隔几年都会出现明显的下降趋势，而对应的中国粮食产量却呈现逐年大幅度连续上升趋势，没有一点波动和起落①。当然粮食特别是口粮作为生活必需品的特殊商品不应该呈现大起大落的波动现象，但按其自身市场规律“允许”粮食产量有一定程度的波动才是正常的，因此作为特殊商品，粮食产量可以在政府调节下波动小一点。但如果过分干扰致使其一点波动也没有反而是不正常和不科学的。回顾中国以往粮食发展历程，在一个很长的阶段内也出现过这样一个常见的趋势，便是在连续数年丰收之后伴随而来的往往是产量的下降。学者孔祥智把这样的粮食产量波动特征总结为“两丰一欠一平”[109]。探其原因还是粮食生产的自然规律和经济规律双重作用使然，粮食连续几年丰收，但由于粮食需求弹性较低，导致粮食供过于求以及粮食价格下跌，粮农收益减少，种粮积极性减弱，引起下一轮减产，久而形成丰年与歉年交替循环现象。然而如果在避免大起大落的条件下，顺应这样的规律让粮食价格有所涨落，粮价下降种粮利益减少时，正是与粮食轮作作物价格上升从而收益增加的时候，

① 世界粮食产量数据来源于国际谷物理事会，中国粮食产量数据来源于每年的《中国统计年鉴》。

这样粮农会自觉地减少粮食种植，相应地增加其轮作竞争作物的种植。这样看来“谷贱伤农”现象我们也可以加以利用，以此来促成耕地轮作的实现，因为粮食与竞争作物3－5年的基本耕地轮作周期正好与“谷贱伤农”现象的规律周期相吻合，每隔3－5年轮作一次非粮食作物如大豆和油菜等，能保证耕地在更多的时间内种植粮食，以满足我国居民口粮的基本需求，而间歇地轮作非粮作物又能提高轮作后种植粮食的单产和节省化肥和农药的使用。如此交替循环使“以地养地”和农业可持续发展得以实现。如果能实现上述的基本耕地轮作，尽管粮食总产量会有所下降，但我们完全可以通过进口一定的粮食来代替目前的大量非粮作物如大豆的进口来弥补粮食产量的降低，以实现基本的耕地轮作，从而实现农业的可持续发展。

3.5.2 持续刚性上涨的最低收购价政策打破了粮食市场应有的“谷贱伤农”现象

正是持续刚性上涨的最低收购价打破了粮食市场应有的“谷贱伤农”现象，从而抑制了耕地轮作。正如前面所述，粮食收购价通过影响农户对农产品的预期价格来进而影响农户种植决策。最初大多学者假定预期价格为上一期的市场价格，这种预期被称为幼稚性预期；而Nerlove把动态分析应用到农产品供给反应分析中，修正了幼稚性预期假定，提出了更为合理、更有现实解释力的适应性预期假说和局部调整行为模型。此模型指出生产者不在单纯以上一期价格作为预期价格，生产者存在着不断学习和修正的过程，生产者将利用所有能够得到的一切信息来进行未来价格预测，使其与事后的实际价格尽可能接近。总的来说，在粮食保护价政策实施条件下，生产者主要利用上一期价格、本期实际价格和当期粮食保护价的累计信息进行预期价格的准确判断和生产决策。假定目前处于粮食价格的上升期，秋收后粮食的市场价格是农户较为满意的一个价格水平，农户获得了较好的收益，农户在无其他信息干扰下，其会用这一价格水平作为预期价格，从而扩大或者至少不减少粮食种植，秋收后总体而言粮食产量会增加，产量增加但由于粮食较小的需求弹性，粮食需求并没有同步跟上，结果粮食的实际市场价格会低于预期价格，粮农收益没有达到预想的结果，通过两个生产周期的学习，下一年农户会根据预期价格与实际价格的差距停止或者微量增加粮食种植面积，农户的不断学习和调整，以及几年间粮食产量增加的累积效应，粮食总供给明显大于总需求，必然会出现粮食价格明显下降的年份点，即达到了“谷贱伤农”现象的年份点，这样而后的一年农户必然明显降低粮食的种植并相应地改种非粮作物。而连年持续上涨的粮食最低收购价打破了上述的正常波动。从 2006 年粮食最低收购价在两大口粮都开始平稳实施后，特别是经过 2009 年的大幅度提高收购价，加之在其他如种粮补贴等惠农政策的支持下，粮食生产连年丰收，到 2010 年我国的粮食供求关系明显缓和并呈现出了紧平衡状态，按上述机制粮食市场价格应该有所下降，同时“遵循”市场供求关系规律，农户本来也会预期到价格会有所降低，从而会适当降低粮食种植。但国家出于对种粮农户利益的保护，2010 年以后仍继续逐年提高最低收购价水平，由于国家在播种前公布了高于上期市场价格的最低收购价格，并且按照最低收购价政策国家必须按制定的最低收购价敞开收购，这样，上涨的最低收购价改变了农户原有的预期价格，农户对粮食的预期价格从降改变为升，并且农户可以确定秋收粮食的卖价至少是高于上期市场价格的最低收购价格，这样农户种粮有了稳定甚至提高的收益预期和保证，农户粮食种植面积也会稳步提高。粮食增产并没有伴随着价格下降的发生还有另一市场力量的作用。这一市场力量的作用机制是，每年增产的粮食大部分从农户手中收购后便退出市场，增产的粮食仅表现为库存的增加，并没有构成现实的市场供给和市场流通，改变供求关系的作用较为微弱，因此对粮食市场价格下拉的作用也会较小，从而使粮食市场表现为高产量、高库存和高价格的扭曲状态。并且，国有垄断经营的粮库有不断增加库存的动力，由于国有粮库的主要收入来自储备补贴和托市收购补贴，收购和储备越多获得的补贴收入就越多，这样在旱涝保收的经营条件下国有粮库会尽量多收多储。单就玉米收储而言，2015 年玉米国家临储收购量占当年玉米总产量的比重高达 55.8%[110]。国家粮食储备越多，市场活力就越低，市场信号就越被扭曲，畸形市场难以科学引导农户种植行为的调整。从上述粮食收储制度的影响上看，我国粮食市场表现为明显的“政策市”和“政策价”。在没有实施最低收购价的2004年之前，小麦和水稻的价格水平比较平稳，即使上涨，幅度也特别小，但从2006年小麦和稻谷全面实施最低收购价开始，小麦和稻谷的市场价格均有明显上升的趋势，在2006年小麦和稻谷全面实施最低收购价以来，小麦和稻谷的市场价格随着其最低收购价的逐年提高也呈现出同步、同幅度、同趋势的逐年提高，这充分显示出最低收购价政策的托市效果，过度地降低了小麦和稻谷的市场波动。见图15和图16。

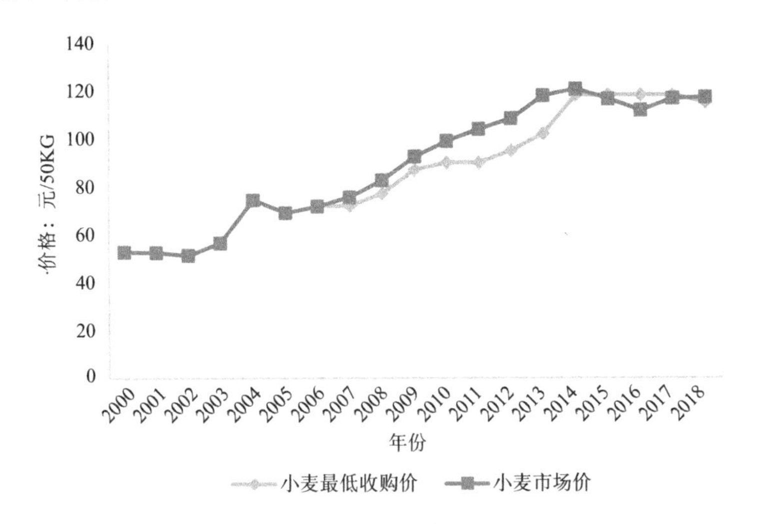

图15　2000－2018年小麦最低收购价与市场价的关系趋势图

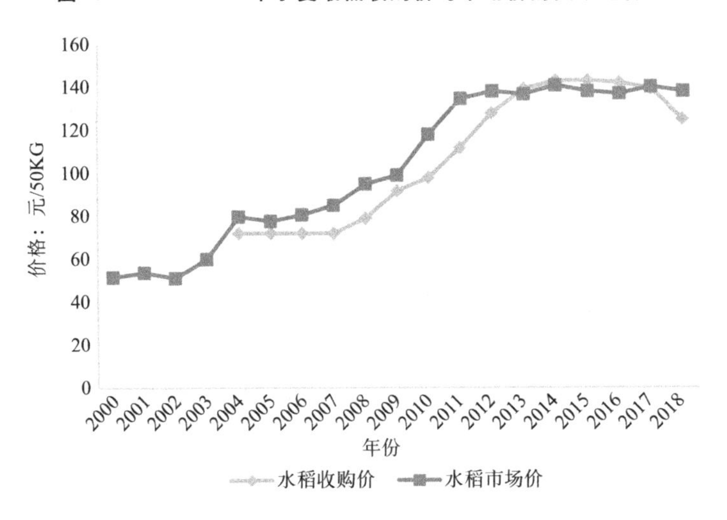

图16　2000－2018年水稻最低收购价与市场价的关系趋势图

托市收储政策给粮食市场带来的是一种虚假的、表面上的稳定，实际上粮食市场是一潭死水，丧失了活力[111]。也正如其他学者的研究成果所言，以往实践表明，只要政府直接或者间接参与粮食价格形成机制，不管是计划经济时期的定价收购、市场化改革后的“托市价格”，还是近几年实施的目标价格，都会带来粮食供求关系的短期改善和长期失衡[112]。正如我们前面计量实证研究结果显示的那样：粮食最低收购价政策具有明显的价格预期，从而对农户的粮食供给行为产生导向作用和托市作用。总之，如此粮食收购价实施方式使粮食市场价格与供给之间仅存在直接的单向联系，而没有形成有效的闭合回路，而完善的市场机制应该是一个产量与价格之间的双向通路[113]，因此打破了粮食丰收本来就会产生不同程度的“谷贱伤农”现象，打破了粮食市场应该有的周期性波动特征，结果抑制了耕地轮作。

3.6 “保供给、促轮作”的粮食保护价收购政策改革措施分析

3.6.1 总的原则

通过上面的分析我们发现，正是刚性上涨的最低保护价扭曲了市场效应、打破了市场正常波动，从而抑制了耕地轮作，但这并不意味着我们要彻底取消最低收购价政策，经过改进的最低收购价政策还需继续执行。这主要源于下面两个原因：一是最低收购价的托底收购可以解决农户在粮食丰收有余时的卖粮难问题，从而可以避免粮食生产和粮食价格的大起大落；二是由于口粮是第一必需品且生产周期较长，为了应对口粮供给风险，必须有足够的储备粮，世界粮食组织规定各国应保持 17% – 18% 的粮食安全储备率水平，有政府储备必须有相应的最低临储收购价政策。那么，如何改进粮食最低收购价政策？上述分析我们发现，如果让市场机制发挥其自身作用，让粮

食产量与价格之间按其自身规律发生互动关系，从而恢复粮食市场自身“两丰一欠一平”与“谷贱伤农”现象，在其他政策配合下，农户会自觉在粮食价格降低，从而种粮收益下降时轮作其他作物。因此，改进粮食最低收购价的根本思路是，让市场机制在粮食市场中充分发挥其自身作用而不受政府政策的干扰。所以，实现“价补分离”并不是新措施的本质，而像玉米市场那样取消临储收购把价格交给市场来决定也不是新措施的本质，二者都只是前提条件，而最终要看这一基本条件实现后，最低收购价和补贴的叠加效应能否真正实现不对粮食市场机制产生干扰，从而最终真正实现让市场机制在粮食市场中充分发挥其自身作用。因此，需要把保粮食供给与保粮农收益分离开来，即把政策的补贴功能从最低收购价中分离出来，对保障粮农收入的补贴采取单独实施方式，而粮食市场价格交由市场机制本身来确定，推动“价补合一”的最低收购价政策向“最低收购价＋补贴”制度转型。但由于最低收购价和补贴之间具有连带和替代效应，所以需要考虑“最低收购价＋补贴”产生的组合叠加干扰市场效应来确定二者之间的合理组合方式，以实现对市场机制的最小干扰。

目前政府最低收购价改革的基本思路是“价补分离”，具体措施是在降低口粮最低收购价水平的同时，给予口粮生产者一定补贴。最近两年最低收购价下降的幅度还比较大，2019 年早籼稻下调到每斤 1.20 元，中晚稻每斤下调到 1.26 元，粳稻每斤下调到 1.30 元，小麦每斤下调到 1.12 元，尽管收购价有了很大程度的下调，但仍然大于生产成本，2014－2016 年水稻的平均生产成本每斤为 1.21 元，由于最低收购价水平大于生产成本，所以能保证粮农获得利润，加上生产者补贴，粮农仍然可以获得稳定的利润，在政府有责任按最低价敞开收购粮食的条件下，粮食销售有了保障，致使特定粮食品种的生产者补贴政策转化成了变相的价格支持，又间接地提高了本来下调的最低收购价，最终也没有实现真正的“价补分离”，从而又间接地干扰了市场机制的作用，过度激励粮食种植，不利于轮作非粮作物。这意味着如果最低收购价大于粮食生产成本（即种植粮食至少不会赔本），同时，由于口粮具有巨大的刚性需求、关税配额制度保护，从而替代性极小，在粮食的市场价格一般能保证粮农获得正常利润的条件下，以及种植粮食较其他作物机械化程度更高从而更省事的辅助作用下，农户仍然会有连作粮食的积极性，仍然有激励农户“过度”种植粮食的作用，从而抑制耕地轮作。因此，在通常情况下粮食的最低收购价不能大于生产成本。但由于口粮生产直接关系粮食安全，为了保证口粮生产不会出现大起大落，最低收购价必须起到“托底”作用和保本作用，所以在通常情况下最低收购价应该与生产成本相等，否则就失去了托底作用。而最低收购价定为生产成本时，针对种植特定口粮品种的补贴应该取消，因为针对特种口粮品种的价格外补贴实际上也转嫁成了最低收购价，最终使实际最低收购价又会大于生产成本。同时，我们假定政府可能把最低收购价定得很低，但如果仍对种植特定口粮给予补贴的话，并且最低收购价加上特定粮食品种生产者补贴的总额大于粮食生产成本，二者的合力仍然会干扰粮食市场机制作用的发挥。尽管玉米不是口粮，但由于玉米可以用来加工饲料、淀粉、葡萄糖和食用油等，玉米广泛的用途致使其同口粮一样有巨大的刚性需求特征①，玉米也有较高的关税配额保护。因此，通常情况下玉米也不存在销售困难，加之玉米种植较油料易于使用机械，这样针对玉米种植的生产者补贴也会过度激励农户玉米的种植。所以政府也应取消玉米主产区东北三省和内蒙古的玉米生产者补贴政策。总之，为了实现粮食市场调节机制和耕地轮作，政府应取消针对三大主粮的特定品种生产者补贴政策②。另外，改革开放以来，我国粮食产量的几次大的波动都与政府过度的对粮食生产的特定正负支持政策有关，比如，1998 年以后实施的“减粮增效”政策，致使 2003 年全国粮食减产 8160 万吨，减幅达到 15.9%，使当年粮食缺口达到 5500 万吨，粮食过度减产对当时的国家粮食安全构成了严重威胁；而 2004 年以后的又一轮粮食生产特定价格支持政策的过度使用又使我国粮食产量在 2012 年后出现了高库存、高进口并存的被动局面。这也间接说明单独对特定粮食生产的正负支持政策会导致粮食生产的大起大落，而普惠性的改善农业生产综合能力提高的支持政策更有利于粮食生产的

① 我国玉米每年的需求量在 1.9 亿吨左右，而每年稻谷的消费量在 1.97 亿吨左右，玉米与稻谷的需求量基本持平。

② 这样也可以有效规避 WTO 特定产品的 8.5% 的补贴微量允许水平约束，并为非特定产品的补贴提供较大的空间。

平稳增长。为此，政府应将补贴更多地转移到对农业基础设施建设和农业生产社会化服务上，特别要加快高标准农田建设，以此降低粮食主产区的生产成本，间接提高粮食主产区农户收入。如支持解决农田水利服务最后一公里问题、机耕路建设问题、秸秆还田、病虫害统防统治等绿色生产技术服务。这些普惠式补贴实质上还是更多地偏向了粮食生产，由于大田生产的绝大多数作物是三大主粮，所以上述支持大田生产的补贴政策如秸秆还田补贴等都间接地支持了粮食生产，并且对粮食市场机制的发挥不会产生干扰和影响。

3.6.2 三大粮食主产区不同轮作模式的具体收购价改革措施

由于不同粮食主产区的主导轮作模式不同，因此需要针对不同的轮作模式提出对应的粮食最低收购价改进措施。在我国三大粮食主产区之一的长江流域，目前主要的耕作方式有一年两季冬麦夏稻轮作、一年两季双季稻、一年两季油菜和水稻轮作，如江苏、湖北、湖南等省份。长江流域还有湖北、安徽和江苏 3 个省份是最低收购价稻谷和小麦的双品种执行区。尽管冬麦夏稻轮作从大类上属于较为科学的水旱轮作，但由于麦稻都属于禾谷类粮食作物，作物的主要生物学特征有很多相似的地方，加之当地麦期阴雨气候致使小麦赤霉病发作频繁，致使看似生态的水旱轮作如果常年连作也会使土壤严重退化和作物病虫害增多，从而变得不生态，同时麦收期的频雨天气也会使收割小麦特别困难，小麦浪费严重，因此这一地区不能再人为鼓励稻麦轮作。而水稻与油料油菜、绿肥油菜花等花科作物之间的水旱轮作才是长江流域应鼓励的轮作模式。因此这一区域的小麦政府最低收购价就需要低于当地小麦生产成本，而如果等于生产成本，或者等于生产成本加微利的最低收购价都会刺激小麦的过度种植，从而抑制稻油轮作。可以考虑把小麦的最低收购价定为生产成本的 85%，以实现在特殊情况下对粮农的基本托底。而为了鼓励优质稻生产和稻油轮作，对只耕种一季水稻的中稻和晚稻的稻谷最低收购价应与中稻、晚稻的生产成本相等，早稻和双季稻的晚稻的最低收购价也应定为低于其生产成本，可定为生产成本的 85%，甚至可以取消早稻的最低收购价，因为目前直接用早稻作为口粮的消费者已经很少[114]。同时由于国内非转基因油菜、大豆的种植性质与国外转基因不同所导致的国内生产成本较大，加上油料和三大主粮所面临的不同关税配额保护政策，我国对油料的关税保护水平大大低于三大主粮①，这二者共同作用影响了三大主粮种植与油料种植在市场机制下的利润水平和生产结构，如果没有上述两个因素，三大主粮与油料生产将面临同样的市场竞争环境，粮油之间的种植结构和粮油生产者之间的利润水平可以通过完全的市场机制得到合理的配置。而由于存在上述不同的市场环境情况，则需要对油菜等油料种植进行适当的、常年的特定品种支持，这样农户可以根据每年粮食的供求以及价格状况随时改种油料，从而获得油料种植补贴，以此保证农户在稳定的预期下积极轮作油料。

在华北平原粮食主产区如河南、山东，目前普遍的耕作方式是一年两季的冬小麦与夏玉米之间的粮粮轮作，并且冬季几乎都选择种植小麦，因为华北地区是我国小麦最大主产区，占全国小麦种植面积的50%左右，为了保证口粮安全，该地区小麦的最低收购价应定为等于生产成本，以起到对该地区小麦生产者的保本托底作用。为了避免常年粮粮轮作带来的生态破坏，政府应鼓励农户第二季隔 2 -4 年轮作一次豆科作物如大豆、花生等，而不是像目前第二季也常年种植粮食作物玉米。陕西汉中平原地区目前也是普遍的冬小麦与夏玉米之间的粮粮轮作，也应该采取上述同样鼓励政策。

作为我国第一粮仓的东北地区和内蒙古，普遍是一年一熟的耕作制度。吉林、辽宁、内蒙古、黑龙江 4 个省份目前主导耕作方式，或者是水稻常年连作，或者是玉米常年连作，或者是大豆常年连作，粮食作物与豆科作物轮作的比例较少。该地区应将稻谷的最低收购价定为等于生产成本，政府保本托底收购。政府应鼓励农户每隔 2 -4 年将玉米、水稻改种大豆。但东北地区也有一个例外地区，那就是黑龙江省北部第四、第五、第六低积温区，这些低积温区属于非优势玉米区，相对于种植玉米而言，种植大豆更有优势，小麦次之[115]，所以这一地区除了小麦实施收购价等于生产成本外，不能再

① 大豆进口关税仅 3%，油菜籽进口关税也仅 9%，二者均没有关税配额。而三大主粮的进口关税都在 65% 以上，并且有关税配额。

对大豆和玉米单独实施特定品种的鼓励政策，否则就会出现以往单独补贴玉米或者单独补贴大豆的玉米常年连作或者大豆常年连作的非生态局面。因此这一地区应采取不分品种统一按农作物种植面积普惠补贴的方式进行补贴。

针对特定品种大豆和油菜等油料生产的具体补贴政策设计我们需要从经验和油料产业的具体情况来加以分析和确定。在 2017 年以前政府采取的是粮豆轮作补贴政策来激励农户减粮增豆，在大豆主产区种植大豆每亩地的补贴比玉米高 40 – 50 元，尽管大豆种植补贴高于玉米，但农户改种大豆的比例仍然较小，政策效果不明显。这是源于尽管种植大豆的补贴较玉米高，但高出来的补贴只占种植玉米利润很小的比例，并且大豆存在较大的销售风险，而种植玉米一般不存在销售困难，收益稳定有保障。政府为了避免政策重叠和冲突，从 2019 年开始取消了东北地区针对鼓励粮豆轮作的轮作大豆补贴，改为种植大豆和种植玉米统一生产者补贴政策。同时，为使政策效果更加明显，显著地加大了二者的补贴差距，在黑龙江省种植每亩水稻和玉米的补贴不足 100 元，而种植大豆则达到了每亩 320 元，补贴的差距已接近种植玉米的利润，在如此大的激励下，大豆的种植面积急速上升。但这种过度补偿的做法显然是不可持续的[116]，一是政府财政负担的不可持续；二是又会把种植结构引向同政策目的相反的连作大豆方向。因此，这种过度的偏向大豆的直接补贴并不可取，应加以改变。

具体而言，针对种植油料农户的直接适量补贴可以考虑按良种、规模种植数量两个不同的指标给予补贴。目前我国油料产量低的一个原因是油料种子质量低，品种多而杂[117]，并且混种混收现象普遍，因此为了从源头上避免低产，应鼓励农户使用良种种植，对种植良种高油大豆、高蛋白大豆、高油双低油菜的农户给予一定良种补贴，这样在产量提高的同时也有利于加工企业的收购与加工，从而降低企业生产成本。企业可以按自己加工产品的品种要求进行分开收购，因为农户在种植环节实现了分类种植，而不再是以前的混种。国产油料生产成本高的另一个主要原因是农户种植规模较小，换言之，油料的规模种植是降低生产成本的主要途径[118]。如果政府不设置种植补贴的种植规模最小数量要求，无论种植多少都按种植面积多少给予补贴，不仅要花费与收益极不对等的较大实施成本，更为重要的是这种激励小规模种植的方式极不利于油料种植技术的推广和提高。目前由于油菜籽价格较低，农户种植油菜不划算，南方绝大多数农户种植油菜是为了自家榨油自己食用，种植规模一家就只有几亩，油菜籽的商品化程度较低，所以补贴对非商品、小规模种植农户的种植行为影响很小，并且实施补贴的行政成本还较大。因此油料种植补贴应规定一个最低种植规模数量要求，只有在种植规模连片达到一定数量以上才可以按种植面积获得相应的补贴，以激励农户商品化规模种植，从而获得规模效应，实现油料生产技术和产业竞争力的提高。鉴于南方油菜种植目前较小的种植规模基础以及油菜种植机械化程度较大豆种植机械化程度低，建议油菜规模种植补贴的最低规模数量要求可以比大豆种植规模小些，比如，油菜种植设定最小规模为 50 亩，而大豆种植规模设定为 100 亩。总之，要采取激励农户连片规模种植的补贴方式进行补贴。

3.6.3 粮食收储制度的“配套性”改革措施探讨

目前粮食收储制度衍生于以往的“托市型”粮食最低收购价政策[119]，为了服务于更加市场化的粮食最低收购价政策，必须改革目前的粮食收储政策和粮食流通体制。在最低收购价决定粮食市场价时，中央政府委托国有企业中国储备粮管理总公司（以下简称“中储粮”）及其委托公司按最低收购价入市收购粮食，然后通过顺价拍卖方式销售给粮食加工企业。中储粮及其委托公司靠获得政府的粮食储备补贴和托市收购补贴来运营企业。只要粮食质量达到国家基本安全标准，政府就按统一价格进行收购，结果粮食收购基本上是按量定价，稻谷收购混收混储，并没有充分区别不同品质和品种的价格差别，所以农户更愿意种植品质较差的粮食，就是被称之的“政策粮”，如稻谷中的早籼稻[120]。致使我国粮食市场呈现出“大路货”过剩与高库存，同时优质粮食短缺的结构性矛盾。这种以粮食收购企业为主体的购销独立、产储加销分离的政府垄断性粮食收购体制阻隔了供给与需求之间的信息传导机制，扭曲了供求信号[121]，不能将消费者对优质粮食的需求信号准确地传递给粮食种植业，粮食加工企业也很难购买到其所需要的优质粮食，从而致使产业链各环节相互脱节。如此突出生产、强调数量、轻视需求的政府主导型粮食收购体制更适合于计划经济[112]，因此需要构建需求导向型粮食收购和流通新体制，即构建以粮食加工企业为主体、产储加销一体化、全产业链的粮食收储和流通体制，让粮食收储不再是为了收储而收储，而是为了直接加工而收储。

只所以以粮食加工企业为主体，是因为粮食加工属于产业链的中枢传导环节，其一头连着生产，连接着上游粮食种植；一头连着市场，直接对接的是消费者。因为与消费者直接对接，粮食加工企业对消费者的需求信息有更加准确的掌握，这样供求信息得以直接和充分对接①。同时，粮食加工企业是粮食产品质量的直接责任人，粮食品质通过粮食加工产品“显现”给终端消费者以实现优质优价机制。卖方保证优质是优价的前提条件是，优质还必须得到买方的认可，进而实现质量和价格对等的优质优价。粮食品质的优质优价首先可以通过消费体验主要是口感和同种作物不同品种的主要营养成分的含量来实现。在南方生产的稻谷中，由于晚籼稻相对于早籼稻生长周期长，口感好品质也好，其市场价也就偏高；同样北方粳稻，由于生长周期较长，口感好品质高，具有较高消费体验区分度，粳米越来越受到城乡居民的喜爱，消费者也愿意高价购买，粳米的价格传导机制较为流畅[122]。再加之特定的产地天然环境（如黑龙江省五常市天然的土壤和水质环境）以及在种植过程中清洁生产和绿色技术的加入（如吉林大米），使稻谷的口感和品质更加突出。同种作物不同品种的优质优价是通过不同品种的关键营养成分含量来实现的。如玉米中较高价格的粉质粮和胶质粮是通过其淀粉、蛋白质、水分含量来实现的。央视中国财经报道，吉林省酒精和淀粉玉米加工企业根据市场的需求，按比普通玉米价格每斤高出 1－2 分钱的价格收购当地的玉米，这样“倒逼”农户种植有市场需求的优质玉米。同样在小麦市场中，优质的强筋小麦、弱筋小麦等用于加工制作面包、糕点的专用小麦，也是按其与普通小麦具有的不同关键营养成分品质来实现高价的。但要实现上述的优

① 另外，以加工企业为主体的粮食收储体制，还能够大幅度减少流通环节和流通成本，从生产到消费过程中新粮上市后粮源直接进入加工企业，则将大幅度降低粮食收购和储备环节和成本，这样有利于提高加工企业的市场竞争力，并能大幅度减少国家财政成本。

质优价机制需要将粮食最低收购价定为粮食成本价。由于粮食最低收购价降到托底的成本价，农户为了获得正常的利润只能改种市场所需的高质量粮食，并把高质量粮食销售给市场即加工企业来获得正常或者较高的种植收益。“吉林大米”就是很好的例证。2018年，吉林省优质品种稻谷价格平均每公斤3.2元，比稻谷最低收购价高0.6元，稻谷平均收购价稳定在每公斤2.9元，高出国家最低收购价0.3元，最低收购价政策2018年在吉林省未启动[123]。

然而，由于粮食某些重要品质（如农药和化肥残留含量）的一定程度的隐藏性信任品特征使消费者通过消费体验难以确定其品质好坏，结果在消费者无法体验粮食品质的情景下就会导致买方认可机制受到影响，这就需要一个辅助机制来实现充分的优质优价。而耕地轮作带来的粮食品质提高主要是在信任品特征层面的品质（如农药和化肥残留的质量安全层面和营养成分含量层面），因为像前文所述耕地轮作可以减少化肥和农药的使用，并能增加粮食的特定营养成分（如有益微生物含量等）。从反面来讲，就化肥的使用而言，大量使用化肥会使生产出来的农产品的营养价值大大下降，不仅如此，过量或不合理使用化肥，也会使农产品中的重金属含量超标，硝酸盐和亚硝酸盐含量等有害物质的含量增加[124]。而上述的口感体验型和专用粮食型的优质优价机制并没有把耕地轮作带来的粮食品质提高部分体现出来，并且对耕地轮作还有一定程度的抑制作用，这是由于这些专用小麦和玉米的价格较高并且市场需求也较为稳定，所以种植专用粮食的农户更没有积极性进行轮作而改种其他作物。为此，为了促进耕地轮作，需要让轮作使粮食品质提高的内容也能实现优价。这就需要政府推动“生态栽培”认证制度，以此显现轮作后粮食品质提高的质量信息，消费者通过认证标识支付品质溢价。按照轮作能减少化肥农药的使用量比例，以及目前我国化肥和农药过量使用的现实，政府可以将相比于常规种植化肥和农药使用量消减30%以上的种植方式认证为“生态栽培”，用取得生态认证的粮食加工而成的产品可以标识为“生态栽培”产品，以显示其优质，从而获得优价。这样化肥和农药等化学合成物投入品都有具体使用量限制，种植和加工而成的农产品其主要营养品质和卫生安全品质（如农药残留量）也都会有一个大致明确的定量标准，而这些营养品质和卫生品质定量标准就是我们制定“生态栽培”产品质量标准的依据，从而“生态栽培”认证在最终产品质量标准上和种植过程控制上都有了可操作性的明确指标，轮作后的粮食产品就有了明确的质量标签。具体的认证业务可由独立的第三方机构完成，政府机构负责审核和监督工作。由于大型知名粮食企业具有较高的声誉和认可度，政府可以优先鼓励知名企业进行“生态栽培”产品认证，以品牌效应带动附加的具有质量信任品特征的“生态栽培”产品认证发展，以起到引领和示范作用。

由于最低收购价定为了成本价，并且是针对普通粮食制定的，这样每个农户种植的不同粮食都是针对不同市场消费群体的，都有其不同程度的“资产”专用性，这其中更包括专用小麦、专用玉米和轮作后产出的粮食。这种资产专用性还包括生产优质粮食所需要的前期专用投资[125]。这就会形成粮食种植差异化——粮食收购和加工差异化——粮食产品销售差异化的充分竞争粮食市场。这样粮农收入的获得由原来主要靠产量和保护价格转变为主要靠质量和市场优价。而具有不同程度资产专用性的生产则需要关系性契约来实现交易[126]，即需要发展订单农业、社区型农业与农业产业化。粮食收储加工企业通过订单与农户直接联系起来，以市场需求为导向，实现种储加、产供销、农工商一体化经营，把农业打造成像工业一样的三次产业融合的现代产业，最终实现企业、消费者和农户三者的“无缝对接”与共赢。为此政府应普惠性支持大型粮食加工企业开展订单农业。同时，在最低收购价降至成本价初期，还没有形成订单农业的关系性收购之前的过渡期，政府应给予粮食加工企业入市收购粮食一定的财政补贴（如收购低息贷款、按收购数量给予一定的纳税减免），以引导、启动和调动粮食收购的市场化，实现粮食收购由政府主导向市场主导转变的顺利过渡。在市场机制步入正轨的正常情况下，政府应及时退出，避免干预市场。但在稻谷和小麦市场供求关系出现偏松的特殊状况下，也可以给予加工企业少量的收购补贴，鼓励其按市场价收购储备，以此避免农民出现“卖粮难”问题。另外，由于以小农户为主的家庭经营仍然是目前我国农业经营的主要形式，也是我国农业发展必须长期面对的现实。因此，如何提升小农户的组织化程度，以减少订单农业的交易成本是发展订单农业的关键。这就需要扶持具有一定品牌知名度的农业产业化龙头企业，让龙头企业牵头，引导种植大户、家庭农场等规模农业经营主体组建种植合作社，形成“龙头企业 + 合作社 + 基地 + 农户”的粮食生产产业化发展模式，实现一二三产业深度融合，构建紧密的收益共享利益联结机制，带动农户按市场（即龙头企业）的质量要求种植优质粮食。尤其要重点支持发展大城市周边的城市消费者能与种植者直接对接的社区型订单农业，大城市居民对高质量的粮食产品需求相对更加旺盛，粮食加工企业可以利用其与消费者、粮食种植者三者之间的短链信息交流优势，与城市周边农户建立订单农业生产，把轮作后的优质粮食销售给临近的更容易知晓和监督粮食种植过程的当地城市居民。江苏省昆山市淀山湖镇少数农民把通过轮作种植的生态优质稻谷加工后以高价销售给周边上海市民的合作模式就是一个很好的例证。

另外，由于粮食收获的时间集中性和数量大的特点，致使粮食储存成为粮食加工企业的关键环节，以往粮食主要储存在国有粮库，储备和加工相互“断开”分属两个不同的企业，而粮食收储加工一体化后加工企业的粮食储备资源一定会出现短缺状况，但由于受自身场地、其距离粮食种植较远的区位劣势等条件的限制，以及存在大量国有优质粮库存量的前提下，如何利用好现有遍及地级、县级、城镇中的直接面对粮农的国有粮库，对于加工企业和国有粮库机构而言是一个双赢。因此政府应支持大型粮食加工企业与国有粮库之间通过入股、兼并重组等方式组建粮食加工和收储一体化的混合所有制企业集团以达到双方的共赢。

同时由于粮食是生存第一必需品的特殊商品，市场化后的粮食市场必须让国有资本的控制力得到充分发挥，支持国有企业和民营企业共同发展，实现国有企业和民营企业同等待遇（如收购粮食的贷款支持待遇等），提高粮食市场国有资本和民营资本的竞争力，避免出现外资和外资企业对国内粮食市场形成控制的被动局面。鼓励国有和民营粮食企业在与外资企业竞争中不断壮大，逐渐成长为具有国际竞争力和国际品牌影响力的大型粮食产业集团。因此推进国有粮食企业改革势在必行，应将中央战略储备粮的收购和销售从中储粮分离出来，使中储粮回归为单纯的企业，以产权制度改革为核心，遵循政企分开、所有权和经营权相分离的原则，建立健全现代企业制度，在国有资本具有基本控制力的前提下，吸引国内社会资本、民营资本参与国有粮食企业改革，以实现国有粮食企业的混合所有制产权结构，大力推进国有和民营粮食企业向规模化、集团化、产业化和国际化发展。

第4章

实现耕地轮作常态化的配套性政策研究

4.1 引言

由于耕地轮作既能提高土壤肥力从而减少化肥的使用，又能减少病虫害和杂草从而减少农药的使用，同时也有提高水分利用率的作用。致使其可以实现提高种植业农产品的绿色品质和农作物单产，以及减少农业面源污染的多重生态和经济效应①，为此耕地轮作作为一种“以地养地”的生态农业生产方式一直被世界各国广泛采纳。在较为封闭的经济条件下，我国传统农业也一直保持着套种、轮作等精耕细作的生态生产方式。中华人民共和国成立以后，1949－1978年的集体经济时代，农田采取轮作方式也较为普遍和常态[127]。自改革开放到20世纪80年代中期，由于当时粮食等农产品的商品化程度较低，农户生产目的主要是满足自家对农产品多样化需求，加之受制于当时技术条件和经济发展水平，化肥和农药也较为短缺，这也激励了农户

① 在近期政府支持的耕地轮作试点中也取得了很好的效果。在2018年2月23日例行的新闻发布会上农业部种植业管理司司长指出，耕地轮作休耕制度试点取得积极成效，吉林省东部山区实现轮作大豆后，化肥使用量减少30%以上，农药使用量减少50%左右。2017年9月22日央视焦点访谈报道，江苏省昆山市淀山湖镇采取水稻和绿肥轮作，水稻每亩单产至少增产10%，没有轮作之前水稻生长关键期每周就得喷洒农药一次，轮作后几乎见不到病虫害。

采取可以节省化肥和农药的耕地轮作制度[99]，因此改革开放前10年我国耕地耕作也较为普遍。从20世纪80年代中后期开始，由于一系列鼓励粮食种植政策的逐步实施及大量化肥和农药的过度使用，耕地轮作等一些生态农业技术也受到了抑制，长期的累积效应导致目前我国农业发展面临着食品安全和生态安全的双重危机[128]。据此，我国逐步提出了转变农业生产方式走高效生态发展之路的一系列战略与措施。其中在2016年提出并实施了耕地轮作休耕制度试点工作，并且开展规模不断扩大，已从最初每年轮作休耕试点616万亩增加到2019年的3000万亩，其中轮作面积2500万亩，休耕面积500万亩，政府累计资金投入近100亿元。由于其较大的内源性生态作用，耕地轮作常态化成为农业自然规律和农业可持续发展的客观要求，在此背景下，农业农村部最近提出了未来要逐步实现耕地轮作休耕常态化战略。然而，尽管耕地轮作有如此无法替代的可持续农业发展意义，尽管我国早期农业发展也曾经长期采纳过，但由于我国过去几十年对粮食数量安全的过度追求和耕地连作的生态负效应还没有完全显现出来，政府并没有把耕地轮作作为国家战略来实施，最近几年由于常年耕地连作造成的生态危机逐渐凸显，政府审时度势把实现耕地轮作常态化确定为国家农业发展战略，因此耕地轮作目前在我国农业生产中仍然是一个重新开启的“新生事物”，而面对新的农业发展环境，如何实现耕地轮作常态化的研究也就成为目前我国农业发展面临的一个新问题和新课题。

耕地轮作常态化一是意味着普遍化和永久化，即绝大多数耕地都能实现每隔2-4年主粮作物和辅粮作物轮作一次[129]，并且要保持长期性；二是需要采取最小化干扰粮食市场运行机制，使耕地轮作成为农户“自觉”种植模式的低支持成本政府策略。因为过分借助政府支持的“常态化”将最终导致其低效率和不可持续性，也不可能实现长期的“常态化”。目前我国政府已相继取消了玉米、大豆和油菜籽的临储收购政策，这就意味着单就保护价这一因素对玉米轮作已无影响。由于在2015年之前较高的玉米临储收购价抑制了玉米与大豆之间的正常轮作。而同时政府也在逐步降低稻谷和小麦的最低收购价，以恢复其“托底和减损”功能，让市场来决定粮食价格。这也就意味着单从保护价这一因素而言，在保护价很低及其“顺应”了合理的耕地轮作状态下，保护价对主粮与其他作物轮作的影响也极其微小。因此，换言之，本部分主要讨论的是非保护价因素对耕地轮作的影响，即假定保护价对耕地轮作基本无影响的条件下，或者说通过上一章最低收购价的改革探讨已经找到了不干扰耕地轮作的最低收购价方案，在此条件下讨论产品售卖风险、产品需求风险等非保护价因素对耕地轮作的影响，以及采取怎样的配套激励政策来避免这些非保护价因素的影响。那么具有如此特征的耕地轮作“常态化”的直接表现和要求又是怎样的？目前的研究成果和政府措施能否有效地满足这些要求？

4.2 文献回顾

以往关于耕地轮作的社会科学角度研究文献大致可以归为三类：第一类是关于国外休耕轮作的经验分析。比如，饶静比较了美国、欧盟和日本的耕地休养政策，发现美国休耕的首要目的是保护环境，次要目的为控制粮食产量、维护农场主利益；而欧盟休耕的主要目的是控制粮食产量；日本通过稻田休耕转作项目，鼓励农民将水稻改种小麦、大豆和油菜等，以此降低水稻种植面积、减少水稻产量，维持大米高价格，保护稻农利益[130]。朱国峰等在比较美国、加拿大、德国、日本等国家轮作休耕政策时发现，德国采取特殊的三区轮作体制，即分区域整体休耕和轮作；而加拿大休耕的目的一方面是为了缓解粮食生产过剩的压力，另一方面是为了通过当年作物秸秆还田第二年休耕的模式使土壤肥力得以恢复[131]。美国学者 Ben Goff 分析了美国玉米与紫花苜蓿轮作的效益[132]，发现玉米与紫花苜蓿轮作有明显的固氮和增碳作用，玉米产量增加显著。概括地讲，关于国外休耕轮作经验方面的文献主要集中在休耕方面经验的总结，而涉及轮作方面的较少。但不同国家不同轮作模式及目的、效果的介绍可以给我们提供一些有益启示。

第二类是国内较为宏观层面的研究。包括从一个角度的整体性研究、一个省份的整体研究以及对中国轮作休耕历史和现实的纵向研究。这部分研究同我国关于轮作休耕政策的出台方式一样具有一定的混淆性，即把耕地轮作和休耕放在一起进行混合研究。事实上，根据二者的生态意义以及我国人多地少的国情，耕地休耕是一个“区域局部性”、“暂时性”、“计划指令性”的措施，而耕地轮作是一个长期性、全域性战略，尤其是对一年一熟的地区而言耕地轮作更是如此。因此当试点到一定阶段后，政府对耕地休耕可以继续采取指标、计划和自愿申请的方式开展和实施，而对耕地轮作应放弃计划与局部区域的小众思路，逐渐采取能让农户普遍、长期接受的“常态化”措施和战略。因为即使轮作试点的规模逐渐增加，但其也只占总耕地面积很小的比例，毕竟政府的资源是有限的，并且这种“偏行政化和计划指令化”的推进模式也会产生严重的资源使用效率问题。这类研究中学者们也提出了许多有益的观点。其中，黄国勤、赵其国在总结江西省耕地轮作经验时发现，江西省存在如下主要问题：轮作面积不大；轮作模式多而杂，每种模式的规模都比较小，没有发挥出轮作的规模效应；对轮作的作物存在管理粗放等问题[133]。这也说明我国今后鼓励耕地轮作政策的作用点需要集中在几个市场需求量较大的次级大宗农作物上（即大豆、油菜和花生等油料作物上）①，这样才能实现规模效应，从而也才能保证轮作常态化。何蒲明、贺志伟等从农业供给侧改革视角研究了耕地轮作休耕问题，他们也指出通过轮作可以有效防止病虫害、均衡利用土壤营养，提高地力和提升农产品质量，实现了生态效应和经济效应的双赢[134]。

第三类是分轮作具体种类的研究，主要集中在对粮食与豆科作物及粮食与油菜之间的轮作研究。虽然单独讨论促进大豆和油菜产业发展的文献尽管没有和轮作直接联系起来，但这类文献事实上也间接讨论了如何促进粮食与油料作物之间的轮作，仍属于促进耕地轮作范畴。由于学术研究总要与政府相应的产业政策联系起来，所以这一部分研究文献绝大多数直接和政府目前促进国内油料生产的主要两大措施——生产环节的“价补分离”政策以及消费环节的“转基因标签制度”相联系。较为典型的文献如陈海江、司伟和王

① 主粮与杂粮如与绿豆、红小豆等市场需求量较小的作物轮作可以通过完全的市场机制来实现供求平衡。同样，由于属于生鲜性质的原因，薯类农产品进口很难替代，国产薯类农产品具有较为稳定的市场需求，主粮与薯类作物的轮作也可以通过完全的市场机制来实现基本供求平衡。

妻琪、陈印等的研究直接针对的是粮豆轮作补贴政策实施效果问题[135]、[136]。第三类文献是这三类文献的主导，也是和本书的研究直接相关的文献，但这类文献几乎都是针对政策本身的边际性改进研究，并没有对政策本身的缺陷，以及政策是否具有可持续性，进而是否能实现耕地轮作的常态化做出更为反思性研究。本书将对这些政策发挥作用的条件性限制、自身缺陷以及如何改变，进而实现耕地轮作常态化做出进一步研究。在讨论如何具体实现耕地轮作常态化之前，我们有必要分析一下实现轮作常态化后种植业所表现出的基本特征，以此作为我们分析如何促进耕地轮作常态化的路径依据。

4.3 耕地轮作常态化的粮食种植结构特征、粮食质量品质特征与其市场制度要求及其现实状况

4.3.1 耕地轮作常态化的粮食种植结构特征及其现实状况

1. 耕地轮作常态化的粮食种植结构特征

粮食种植结构和粮食品质从表象和本质两个层面全面反映出了一种耕作制度的过程和结果特征。而耕地轮作的主要类型及其生物学特征是我们分析耕地轮作常态化的粮食种植结构和粮食品质特征的基本依据。我国粮食主产区主要集中在东北平原、华北平原和长江中下游平原三大平原。这三大平原也是耕地密集使用程度最大并且最需要轮作的地区。长江中下游平原地区主要适合粮食作物和油菜之间的轮作，如江苏、湖北、湖南等省份；华北地区主要适合粮食作物和豆科作物（大豆和花生）之间的轮作，如河北、河南、山东等省份；东北地区主要适合粮食与大豆之间的轮作，包括黑龙江、吉林、辽宁和内蒙古等省区。因此总的来说，与粮食作物轮作的主要是大豆、

油菜籽和花生等油料作物。从全国农作物种植面积及其总产量的排序上看也体现了这一特征，种植总面积前三位是三大主粮，而后依次为豆类、薯类和花生、油菜籽等油料。油料主要是用来生产食用植物油，并且目前城乡居民对食用植物油的消费量也较大。2018 年全国城乡居民人均粮食消费量为 127.2 公斤，而食用植物油的人均消费量也达到了 9.6 公斤。总之，与主粮作物轮作的油料作物大豆、油菜和花生的足够自给率是耕地轮作常态化的粮食种植结构特征。

2. 目前我国粮食种植结构现状

主粮自给率过高与过高的油料进口进而导致过低的油料自给率是目前我国粮食结构的基本特征，如此低的油料自给率抑制了耕地轮作。在两大类相互轮作的主要农作物产品供给中，粮食表现为过高的自给率和库存并且存在结构性短缺，居民需求意愿较高的绿色优质粮食供给不足[137]。近几年我国稻谷和小麦自给率都在 95% 以上。其中稻谷产量连续 6 年超过 2 亿吨，每年稻谷消费量基本稳定在 1.97 亿吨左右。2017 年稻谷产量达 2.08 亿吨，创历史新高，而当年稻谷总消费量仅为 1.85 亿吨。油料自给率明显较低，只有 45% 左右；大豆的自给率更低，只有 15% 左右[138]。2017 年我国进口大豆达 9553 万吨，国内产量仅 1528 万吨，种植面积仅占总农作物种植面积的 4.96%。尽管 2018 年受中美贸易摩擦影响，我国大豆进口仍然高达 8803 万吨。由于大豆油与菜籽油、花生油之间的替代性较强，低价进口大豆加工而成的大豆油价格也明显较低①，导致低价大豆油对菜籽油和花生油产生了较大的替代，结果进口大豆不仅直接抑制了国产大豆种植，也间接抑制了油菜和花生的种植。21 世纪以来，我国食用植物油的消费增长为 116%，而菜籽油和花生油的消费仅分别增长 14% 和 17%，这也说明逐渐增加的食用油消费量绝大部分是由增加的大豆油来满足的[139]。2017 年油菜种植面积仅占总农作物种植面积的 4%，而花生种植面积只占总农作物

① 在调研中发现同样 5 升计量的同一品牌的食用油，进口大豆加工的大豆油价格仅 37 元；而非转基因油料加工的食用油，豆油价格在 85 元左右，花生油价格却接近 90 元，菜籽油价格在 65 元左右。

种植面积的2.77%。在油菜籽主产区调研中发现，过去每户都会种植少量的油菜用于自家榨油食用，现在连自家榨油食用的油菜都很少种植了，农民烹饪用油都是在市场上购买，而购买的多半是包括大豆油在内的调和油等，市场上菜籽油很少。更为重要的是，现在无论是在以前习惯食用菜籽油的南方，还是在本来就偏好大豆油的北方，餐饮业和食品加工业使用的食用油绝大部分都是进口大豆加工的大豆油，过量的进口大豆抑制了油料自给，进而抑制了耕地轮作。因此，提高油料自给率是实现耕地轮作常态化的必然要求。

不过需要说明的是，我们所要实现的并不是“最优的”轮作制度，只是要实现一个长期的基本耕地轮作。比如，玉米与大豆的最优轮作间隔是2年，而我们能实现每隔3年或者4年轮作一次即可。如此基本轮作制度的实现对我国粮食产量的影响程度并不是很大。因为毕竟我国要优先满足这样一个人口大国的谷物尤其是口粮的基本自给。同时基本自给不是绝对的完全自给，我国完全可以少量进口谷物来“代替”大豆的进口，以腾出土地进行粮食与油料的轮作，这样也可以改变目前大豆进口独大的贸易和生态被动局面。我们也应鼓励大型农业企业“走出去”，利用国外相对丰富的耕地资源①进行粮食生产来补充国内粮食需求[140]。另外，轮作后粮食单产的提高也可以弥补一部分轮作油料导致的粮食总量减少②。同时，通过“节粮”措施也可以弥补很大一部分轮作导致的粮食产量减少。有关研究表明，我国每年在家庭饭桌、饭店酒楼、学校食堂等就餐环节，粮食企业过度加工，以及粮食收获、储藏等环节的食物浪费和损失就达5000万吨，约占总产量的10%[142]、[143]。

---

① 据统计，目前我国人均耕地仅有1.43亩，不到世界人均水平的40%。美国人均耕地约是我国的8倍，加拿大人均耕地约是我国的18倍，而邻国印度人均耕地约是我国的1.2倍。

② 2010年泗县耕耘农机合作社的轮作实验表明轮作后粮食单产提高较为明显。合作社把一年的小麦和水稻连作的两熟制改为两年三熟制的花生、小麦和水稻种植，结果小麦单产提高了69.2%，水稻单产提高了27.7%，期间土地休耕了7个月使土壤环境得到了休养和保护，土地肥力也得到了提升[141]。

4.3.2 耕地轮作常态化的粮食质量品质特征与其市场制度要求及现状

1. 耕地轮作常态化的粮食质量品质特征

耕地轮作常态化的产出结果是农产品的绿色品质得到了显著提高。耕地轮作既能提高土壤肥力从而减少化肥的使用，又能减少病虫害和杂草从而减少农药的使用，从而可以直接提高种植业粮食等农产品的绿色品质。同时，也能通过其作为养殖业的饲料生产具有绿色品质的畜禽产品。这源于以下两个层面原因：一个层面是用具有绿色品质的饲料喂养畜禽直接就会增加畜禽产品的绿色品质；另一个层面是与粮食轮作的饲料产品如苜蓿由于其本身营养成分特性对畜禽具有特殊的生理作用，从而能提高畜禽产品的绿色品质。但由于我国长期受传统农耕文化影响，畜牧业一直延续着精饲料加秸秆的喂养方式，过度依赖玉米饲料粮，而采取粮饲轮作间隔性种植饲草进而用部分饲草来喂养畜禽的比例极少。由于长期缺“草”致使我国畜禽产品质量安全性不高、畜禽业生产效率低下等问题较为严重[144]。内蒙古作为畜牧业大区，2017 年青饲料的种植面积仅为 35.3 万公顷，仅占全区总农作物种植面积的 3.9%。如果在传统精饲料加秸秆喂养方式的基础上替代性地增加一部分苜蓿等青饲料的喂养，畜禽产品的绿色品质将会有明显提高。比如，在奶牛的饲料搭配中，每日添加 3 公斤苜蓿，可减少 1 - 1.5 公斤精饲料，日奶产量可提高 1.5 公斤，原奶质量可提高一个等级，奶牛发病率也会明显降低，奶牛养殖过程的用药明显减少，牛奶的绿色品质也得到了明显提高，一头奶牛在整个养殖周期内可减少疫病防治费用 1000 元左右[59]。同样，在猪、鸡等肉蛋畜禽养殖中添加苜蓿也同样有增加肉蛋产品绿色品质的效果。在仔猪日粮中添加 0.25% - 0.5% 的苜蓿草粉时，仔猪可增重 50 克，其腹泻率也可降低 8 个百分点[60]，腹泻率降低，养猪过程中的用药就会相应减少。总之，耕地轮作从直接和间接两个层面显著地提高了农产品的绿色品质。

2. 耕地轮作常态化的农产品绿色品质特征对市场制度的要求及其现状

(1) 耕地轮作常态化的农产品绿色品质特征对市场制度的要求。具有绿色品质的农产品在市场上应按其品质实现较高的价格，这样农户才有积极性进行“自觉”的耕地轮作。因此，保证具备绿色品质的农产品能实现“优质优价”是实现耕地轮作常态化的基本要求。而为了实现具有绿色品质的粮食等农产品的优质优价，首先，应下调粮食最低收购价，让最低收购价回到其原本的托底功能，即把最低收购价调整到生产成本水平。如果普通粮食的最低收购价与绿色优质粮食的价差仍然呈收窄态势，最低收购价仍然还决定着粮食的市场价格，并且最低收购价仍然偏高，农户仍然会把粮食出售给国家成为国储粮，而国家在收购时只按照数量收购，无法体现粮食的质量和绿色品质价值[145]，其结果不利于引导农户耕地轮作及生产优质绿色粮食，优质优价机制也难以形成。其次，更为重要的是，要建立科学的绿色食品质量安全认证制度。由于农产品的绿色品质表现为信任品特征，即消费者即使在消费之后也难以了解、获取和判断农产品的质量安全和营养保健等方面的特征，如涉及农产品质量安全的抗生素、农药残留等有害物质。由于消费者无法直接判断农产品的绿色品质水平，这样就需要一个额外的市场制度给消费者提供可靠的农产品绿色品质水平信息，即绿色食品认证制度，农产品生产者通过获得并标识绿色食品认证能让消费者知晓质量信息，从而实现优质优价。

尤其是在目前国际粮食价格低于国内粮食价格的情况下，为了减少国际粮食市场给国内粮食生产带来的冲击，更需要鼓励农户和加工企业生产绿色优质粮食，以品质差异化来应对国际粮食市场竞争。如果大部分粮食在市场上能按其绿色品质等级优质优价地进行销售①，粮食市场就不会出现大的价格波动和供给过剩与短缺问题，也会把粮食市场受到国际市场的冲击减到最小。这样就把政府直接干预市场配置农业资源的程度减到最小，粮食最低收购价也就会回到其原本的托底功能。同时，农户收入会随之提高，也不用担心会出现无人种地的农业生产危机。因为目前农户收入低的部分原因是农户

① 玉米通常不能像稻谷、小麦那样能从直接绿色粮食出售中获得绿色品质的较高价格，因为玉米绝大部分不直接食用，它基本是通过作为养殖业的饲料经过畜禽过腹成畜禽产品而最终面向消费者，但用具有绿色品质的饲料玉米加之满足其他绿色养殖技术条件而生产的畜禽产品也就具备了绿色品质，这样可以通过绿色畜禽产品的高品质和较高价格来间接实现绿色品质玉米的“优质优价”。

在过度依靠农药、化肥等石化投入的常规农业生产方式下，在一年内付出的农业生产和管理时间较短①，农闲时间较长，从而农户不能充分就业所导致的。劳动投入时间短创造的价值就少，农户的收入自然就会受到影响。而包括耕地轮作、精准农业、堆肥施用和病虫害综合治理等绿色生态农业生产方式将会增加农业生产的总体劳动时间投入，劳动和管理时间投入的增加就会增加单位农产品价值②和农户收入。这样通过适度绿色农业规模经营的较高收入和农业生产较高技术要求的吸引，会吸纳更多的优质劳动力从事农业生产经营和提供绿色农业技术服务。日本大米在中国售价高达每斤 100 元以上，但由于其大米的绿色品质水平高且能保证品质真实可信[146]，因此受到消费者的偏爱，也没有受到国际市场大米平均价格较低的影响。因此，科学可靠的绿色食品质量安全认证制度的建立是实现耕地轮作常态化的额外市场制度要求。但目前我国绿色食品认证制度还远未达到科学可靠的发展程度，仍面临发展瓶颈。

（2）目前我国绿色食品认证制度发展面临的瓶颈如下：第一，消费者和生产者对绿色认证食品的消费和认证表现为双重冷漠，绿色食品产业扩张速度非常缓慢。目前我国大多数消费者的收入水平使其有能力购买绿色食品，加之消费者对健康饮食追求程度的不断提高，绿色食品本应该成为食品市场的主导，但消费者和生产者对绿色认证食品的消费和认证表现为双重冷漠，绝大多数消费者在购买粮油等食品时并不关心其是否具有绿色食品标识，只关心产品的品牌知名度。热比亚·吐尔逊、宋华等的实证研究表明，作为食品质量安全信号的食品质量安全认证和外部供应链安全管理对国内销售绩效没有显著影响，这也说明了消费者对绿色食品认证的关注和认可度较低[147]。

① 目前农业生产早已不再是“谁知盘中餐，粒粒皆辛苦”的状况。就玉米生产而言，由于其生产技术含量较低，种植过程较为简单，1 名农民种植每亩玉米耗时 3－4 天，以每户 6 亩地计算，一季玉米种植大约耗时 20 天，而种植 150 亩玉米也只需要劳动时间 30 天左右。

② 随着我国居民收入的不断提高，我国农业发展已经到了提高农产品质量从而允许农产品价格提高的阶段。农产品品质提升与价格提高，反而会增加整个社会的福利，农产品提价或许会增加我们的食品支出，但基本饮食健康有保证会减少我们的医疗费用支出；农产品的提价也会促使我们更加自觉地珍惜粮食，从而减少粮食浪费；同时农产品质量安全有保障，会减少我们对其处理和清洗的费用和避免浪费。

同时，绝大多数知名品牌对绿色食品认证积极性不高，很多原来具有绿色食品认证标识的品牌也取消了绿色认证（如食用油企业鲁花集团等）[148]。绿色食品的规模也较小，据农业部绿色食品发展研究中心统计，2015年我国绿色食品国内年销售额仅为4383亿元，出口额为22.8亿美元。并且绿色食品产业扩张速度也非常缓慢[149]。同时，绿色食品不仅整体规模较小，还存在结构不尽合理的问题。在绿色认证的食品中，2019年我国绿色食品产品数一共36345个，其中农林及加工产品28726个，占比达79%；畜禽类产品仅1741个，仅占4.79%；水产类产品占1.85%；饮品类占9.13%；其他产品占5.19%。从上述结构我们可以看出，居民消费需求占比较大且需求呈逐渐上升趋势的畜禽类和水产类产品的绿色认证占比较低，且增速较慢，在总占比中呈现逐年下降的趋势，与其地位不相符合。在我们日常购买的食品中，大米和面粉的绿色食品认证比例相对多一点，而具有绿色认证标识的肉蛋奶类畜禽产品几乎少见。内蒙古原来具有绿色认证标识的畜禽产品，如蒙牛和伊利的液态奶，以及科尔沁冷冻牛肉，但目前都已经不再认证了。像我们在前面所分析的那样，如果在猪、牛、鸡等畜禽养殖过程中适当搭配苜蓿等青饲料，肉蛋奶的绿色品质将会得到明显的提升，而苜蓿等青饲料正是需要通过粮饲轮作的种植方式生产的，如果畜禽产品的绿色认证比例较低，从而不能使用轮作作物苜蓿等青饲料喂养的绿色优质畜禽产品获得优价，结果就会抑制粮饲轮作。由于绝大多数玉米和大豆加工的副产品豆粕都是用作饲料来"生产"畜禽产品的，绿色认证食品本身在养殖过程中不允许使用转基因饲料，如果玉米与大豆是采取轮作种植方式收获的，从而具备了更好的绿色品质，但又不能像小麦和水稻那样通过直接面对消费者实现优质优价机制，而其绿色品质是需要通过用其喂养产生的肉蛋奶产品来间接显现的，因此，需要激励和提高畜禽产品的绿色食品认证比例，以实现绿色畜禽产品的优质优价，以此激励粮食与苜蓿、青贮玉米等青饲料的轮作以及玉米与大豆的轮作。在南方水稻种植区，很多地方也非常适合水稻与青饲料轮作，而南方很多地区又是生猪养殖大省如湖南省和广东省，所以在这些地区开展水稻与青饲料轮作，对农业生态和农民增收都非常有利，但也需要上述的机制来实现绿色畜禽产品的优质优价并进而激励粮饲轮作。广东潮州的水稻与番薯轮作就是一个很好的例证[150]。潮州属于热带和亚热带地区，非常适合种植番薯，当地种植的番薯不适合直接食用，但产量高，因此可当作猪饲料来喂养生猪，其营养价值较大，因此当地为了鼓励水稻与饲料番薯轮作也面临着上述的绿色畜禽产品的优质优价问题。

第二，绿色食品的认证标准低，其品质和价格与普通农产品的差距并不明显。“绿色不绿”是消费者对我国绿色食品的直观判断。目前普通农产品和绿色农产品之间的价格差距不明显也说明了绿色食品并没有与普通食品明显区分开来。目前市场上金龙鱼品牌五常基地原香稻20斤装价格为168元，中粮集团旗下品牌福临门大米20斤装，具有绿色食品标识的价格为119元，非绿色食品标识的价格为97元；粳冠牌绿色食品标识大米10斤装价格为48元。在标识上相当于我国绿色食品标识质量水平的农产品在日本的价格是普通农产品价格的1.5倍[151]。我国目前粮食等农产品价格主要按深加工程度、产地天然环境（如黑龙江五常市天然的土壤和水质环境）、同种作物的不同品种等非绿色品质来定价的。事实上，玉米价格完全由市场决定后，出现的不同种类品质的玉米如高蛋白玉米、高淀粉玉米和高油脂玉米的不同价格，是按其营养成分品质不同定价的，这种定价机制尽管是遵循市场规律的结果，但并不利于实现耕地轮作，因为这种定价模式并没有考虑玉米的绿色品质指标。为了鼓励轮作，需要开发相应的不同特种玉米的绿色食品市场如绿色认证的玉米食用油、玉米淀粉等。同样小麦市场也涉及这种情况，我国目前专用小麦已占到小麦种植的33%，如强筋小麦、弱筋小麦等，这类小麦用于加工面包等特殊面食，其价格也是按不同营养成分品质来确定的，由于这类小麦价格较高并且由于专用小麦的产区都比邻大型加工企业，专用小麦的市场需求也较为稳定，所以种植专用小麦的农户更没有积极性进行轮作而改种其他作物，因此，需要鼓励使用专用小麦加工特殊面食的企业生产具有绿色品质的终端食品，以此“倒逼”种植专用小麦的农户采取轮作种植方式生产具有绿色品质的专用小麦。因为农产品绿色品质越高，其生产成本就越大，最终售价也应明显较高。而目前普通食品和绿色食品之间较低的、混乱的价格差距并没有明显形成两种产品、两种价格体系的市场格局。并且有些企业对产品质量信息的说明内容也明显看出了生态农产品市场的混乱。没有严格、合法认证的、自行标示的“生态米”、“蟹田米”等非正规绿色信息标识到处可见。而生产高绿色品质食品的企业为了获得应得的产品溢价，通常会聘请国外认证机构对其产品进行认证并把其产品出口到国外。标有“供港”标识的猪肉内销给大陆时受大陆消费者热捧也说明了大陆绿色食品市场的低认可度[152]。另外，据官方统计数据显示，我国目前绿色食品的抽检合格率达到了99.5%[153]，如此高的质量合格率为何却换来消费者较低的认可度，这也从一个侧面说明目前我国绿色食品的认证标准较低，需要提高门槛。

第三，生产过程控制标准的可操作性差，产品品质检测标准只注重卫生指标，不注重营养品质指标，产品品质检测指标偏少。尽管我国对绿色食品的最终产品的绿色品质指标，如农药残留比例有明确的规定，但缺乏相应准确的农户在种植和养殖生产过程中的具体使用数量标准，使农户在生产过程中很难把握具体的施用数量。因此权威专家章力建也明确指出，目前我国农产品质量安全标准较少，且制定水平低，修订慢，可操作性差，缺少产地环境安全控制标准和农产品生产过程控制标准[154]。目前我国在绿色产品品质认证环节只注重卫生品质的检测和认证，不注重营养品质的检测，这样会间接降低对生产者生产过程的绿色化要求。不注重营养品质检测的弊端可以从绿色农产品出口的情形中得到体现。事实上，进口国并不关注我国农户的生产过程，只对进口的农产品进行多指标的高标准终端严格检测，多指标既包括营养品质指标也包括卫生品质指标。对绿色食品的营养品质和卫生品质的关键指标都做出严格标准，才能真正反映出生产过程的绿色化程度。国外对我国出口的农产品进行多指标的高标准严格检测也间接反映出了对最终产品品质检测的重要性，这会“倒逼”生产出口农产品的农户在生产过程中要严格遵循绿色生产技术要求。因此我国以后的绿色食品认证也要把营养品质认证和卫生品质认证严格有机地结合起来，加强绿色食品的营养品质和卫生品质的终端多指标检测。

第四，绿色食品认证的行政化导致认证资源配置较少、认证效率低、认证过程和监管不严格及认证的可信度低。目前我国绿色食品认证机构多属于政府直属行政事业单位的垄断性认证机构，典型地表现为政府在市场运行中既当裁判员又当运动员的不当权责配置，对认证机构本身缺乏有效监管，认证机构责任主体表现为模糊性和非“人格化”，导致出现违规认证时宏观地归责为政府及认证机构，其结果使违规认证处罚制度无效。行政事业单位型认证体制也会出现认证服务效率低下、认证管理成本高的弊端[155]。同时，由于认证资源的行政化配置，而绿色食品认证的规模及水平与各级政府官员的政绩关系不大，因此各级政府对绿色食品认证的资源投入明显不足，小马拉大车状况严重。没有足够资金、检测技术和人员的支撑，政府在日常的绿色食品检测、生产过程监管等方面也难以做到细致和全面，有些需要大量财力物力的监管环节难免会流于形式，因此也容易发生虚假认证。

总之，通过制定能恰当体现绿色食品品质的产地环境安全控制标准和农产品生产过程控制标准，并能使生产者在生产和加工过程中严格执行，进而在较高成本的绿色生产要素投入、产出产品品质较高、出售的价格也较高的优质优价市场机制下，我国的绿色食品市场就可以进入快速健康的发展轨道。而要使生产者在生产和加工过程中严格执行绿色食品生产标准，必须改革我国目前的绿色食品认证和监管制度。

4.4 促进耕地轮作常态化的配套性策略分析

4.4.1 促进油料生产的策略分析

1. 对以往促进油料生产措施的评价

（1）转基因标签制度对促进农民非转基因油料种植的作用较小。目前政府在促进非转基因国产油料种植上主要有两大政策，其中之一为消费环节的转基因标签制度①。事实上政府的转基因标签制度与学者们提出的油料产品差异化战略是一个问题的两个侧面。转基因标签制度旨在使消费者获得知情权，从而对存在安全风险的转基因食品②做出谨慎消费选择，并进而抑制国外转基因油料产品消费，从而促进油料国内生产。不同学者分别在大豆和油菜生产与消费上提出了非转基因的差异化战略。张雯丽提出了发扬我国油菜产业特色，实施差异化和品牌化战略，与国际市场形成两个不同市场的观点[157]。她指出如果不考虑产品质量的差异性，与国外主要生产油菜国加拿大相比，我国油菜生产在生产规模、生产成本等都有劣势，从而也处于市场竞争劣势，但考虑到我国油菜籽都是非转基因，国产菜籽油和进口菜籽油就可以形成两个相对独立的市场，高质量非转基因的国产菜籽油就应该获得“优价”。潘文华、许世卫则指出，应努力培育市场，将转基因产品与非转基因产品剥离，形成非转基因产品的独立定价体系，逐步形成非转基因大豆油及豆粕的价格差异化[158]。

像我们前面所阐述的那样，非转基因差异化战略是为了让消费者实现知情消费。然而，由于食品具有强信任品特征，消费者即使在消费之后也难以判断该食品是转基因食品还是非转基因食品，因此为了让消费者在知情的情形下做出消费选择，消费市场必须具备消费者在任何消费情景下都可以获知所消费的油料产品是否为转基因的信息显示条件。不可否认，强制性转基因标签制度在生产和销售环节实现了两个质量层次油料产品市场的分离，而在消费环节却未能全部实现，即消费者并不是在所有的消费情形下都能做到知情消费。这是因为尽管榨油加工企业对自己用转基因大豆加工的大豆油都进行了原料产地和属性的标识，但这仅对家庭使用食用油具有标识和知情作用。而居民在外就餐、购买即食及其他包装性食品时都难免会消费到用转基

① 2002 年我国政府公布并实施了《转基因食品卫生管理方法》，要求对“以转基因动植物、微生物或者其直接加工品为原料生产的食品和食品添加剂”必须进行标识。

② 大量科学实验表明转基因食物存在安全风险的可能性较大，正是由于目前对转基因食品安全风险的不确定性及存在安全风险的可能性较大的原因，大力推广和食用转基因食品主要为第三世界国家，众多发达国家对转基因食品持拒绝的态度。欧盟、日本和韩国都严格抵御转基因食品。美国转基因作物种植规模虽然较大，但本国消费只占很小比例，其中还包括用作生物燃料的非食用情况，其余大部分则出口到发展中国家；单从大豆种植上讲，美国也种植非转基因大豆供本国食用[156]。

因大豆油加工而成的食品。并且我国居民目前在外就餐、外买食品的次数越来越多，从而消费转基因大豆油的机会也会越来越多。同时，为了减少成本，在转基因豆油的直接质量安全性①又很高、原料属性信息极容易隐藏及转基因食品品质的隐性、慢性安全性还未定论的情况下，在没有政府“管制”和激励的条件下，机关企业食堂、学校餐厅、餐饮企业和食品加工商都会使用价格较低的转基因豆油来加工和制作食品。正是这种转基因豆油导致了我国非转基因榨油大豆与国外转基因大豆被当作“同质产品”看待，非转基因的品质不但被掩盖，并且二者在被看作同质产品时，转基因大豆相对高的出油率和较低价格反而获得了更好的市场竞争优势。这说明在这样的管理制度条件下，我国种植非转基因大豆的豆农与国外种植转基因大豆的豆农之间存在非公平竞争现象，我国豆农处于明显的不利地位，也因此致使非转基因大豆的产品差异化策略失效[159]。当然，豆制品加工如豆腐、腐竹等使用的都是国产大豆，因为豆制品加工主要利用大豆的高蛋白特性，转基因大豆的蛋白含量较低[160]。所以豆制品市场实现了全消费情景的非转基因消费。但这部分大豆消费只占大豆总消费的很小部分。因此，在目前政策条件下，转基因标签制度即大豆产品差异化策略对促进农户油料种植的作用较小。宣亚南、崔春晓的实证研究也证实了这一观点[161]。进一步讲，非转基因差异化策略只对家庭的自制食品和豆制品起作用，想要其发挥完全作用需要附加策略才能得以实现。总之，在目前政策条件下，转基因标签制度只对家庭的自制食品和豆制品市场起到了标识作用，因而对促进非转基因油料种植的作用较小。

（2）我国目前在生产环节鼓励油料种植的“价补分离”政策其作用效果也不是十分显著。在生产环节上政府目前主要通过直接补贴政策来刺激农户油料的种植。为了充分实现市场在农业生产中的配置资源作用，国家从2015年开始相继取消了大豆、油菜籽和玉米的临储收购制度，取而代之的是“价补分离”的直接补贴政策，三种农产品的交易价格完全由市场机制来决定，农户按种植面积多少获得生产者补贴。这种生产激励政策确实起到了一

① 直接性安全是指食品不会引起急性、显性的健康和疾病问题。

定的作用，但其作用效果有限，还需增加其他激励政策。表12表明，与2015年相比，2016－2018年全国大豆等油料种植面积有所增加，玉米种植面积有所减少，但增加幅度不大，如果剔除每年国家强力推行的“镰刀湾”地区减少玉米种植面积1000万亩，那么“价补分离”政策对鼓励大豆等油料种植的作用效果会进一步减弱。

表12　2015－2018年全国小麦、稻谷、玉米、大豆和油菜种植面积　（单位：千公顷）

年份	小麦	稻谷	玉米	大豆	油菜
2015	24596	30784	44968	6827	7028
2016	24694	30746	44178	7599	6623
2017	24508	30747	42399	8245	6653
2018	24268	30189	42129	8470	7100

数据来源：《中国统计年鉴2019》。

我们在内蒙古呼和浩特市、吉林省农安县的调研中也得到了同样结论，“价补分离”政策实施后玉米优势主产区绝大多数农户的种植行为并没有发生改变，仍然种植玉米。顾莉丽、郭庆海等的研究也证实了这一观点[162]。“镰刀湾”非优势玉米种植区由于自然条件的限制，导致其玉米自身单产较低，取消临储后玉米自然失去了竞争优势，这些地区有“自觉”减少玉米种植的动力。而玉米优势区由于玉米单产高，连作玉米的产量负效应较低，同时玉米价格市场化后，玉米主产区的产量优势自然会吸引收购和加工玉米的企业进驻当地[163]，每个加工企业都对一种专用玉米有规模需求，常年稳定的规模需求也加剧了当地农户连作玉米的惯性。因此玉米优势主产区更需要寻求和制定新的策略来推行耕地轮作。郑祖庭的研究也指出“价补分离”政策很难说实现了调减玉米增加大豆的政策目标。他的研究表明，东北地区2017年在大豆生产者补贴比玉米高40元的情况下，种植大豆的收益仍比玉米低1700元/公顷以上，从而导致农民轮作大豆的积极性很低[164]。遵循补贴的思路，假定政府增加对大豆种植的补贴水平使其收益水平与种植玉米相当①，农户轮作大豆积极性的提高也是有限的，这是因为生产者补贴毕竟只是农户轮作大豆获取收入的一小部分，大豆能否在市场上实现销售才是农户是否轮作大豆的关键。侯荣娜和戴旭宏的研究也证实了这一点，他们的调查研究表明，2018 年尽管东北三省各自的大豆生产补贴都很高，但起到的激励作用却一般，黑龙江省大豆种植补贴每亩 320 元，吉林省局部地区大豆种植补贴每亩高达 400 元，辽宁省大豆种植补贴每亩 188 元，内蒙古自治区大豆种植补贴 200 元左右[117]。事实上正像我们前面所分析的那样，我国大豆市场已经分成了两个截然不同的市场，一是卖价较高的高蛋白食品加工大豆以及高品质的高油非转基因大豆，这部分大豆种植可以获得与其他作物同样的正常利润，但毕竟这部分大豆的需求量较少；二是用于加工“普通”食用油且被看作与进口转基因大豆同质的油脂大豆，这部分需求量占大豆总需求的 80% 以上。我们上面所说的大豆种植利润低于玉米也是指这一部分的大豆种植。这部分大豆在进口大豆低价且出油率高的冲击下，在目前的市场环境下，很难卖上与其成本相当的高价，往往面临的是种植成本上升但价格还会下降的被动情况，并且更多的情况是即使低价也很难销售出去。目前用作加工高蛋白食品和非转基因优质大豆油的大豆每斤 2 元左右；这就意味着国产非转基因大豆在国外低价大豆竞争下，用于加工普通豆油的油脂大豆要与进口转基因低价大豆进行竞争，而进口大豆每斤到岸价格才 1.6 元，这就表明这部分榨油大豆的价格一定会低于 2 元，甚至会低到国外大豆的价格 1.6 元。2018 年国产大豆每公斤价格在 3.2 - 4.0 元，东北大豆的平均售价在 1.8 元。这样的大豆市场价格状况恰恰是国产大豆与国外转基因大豆之间相互竞争的真实写照。我们在吉林省、河北省、山东省和内蒙古自治区调研时，询

① 事实上这种假定几乎是不可能成立的，这是因为如果在目前较高补贴水平的基础上继续增加补贴，政府将难以长期负担如此大的补贴资金和制度操作成本。2016 年东北三省和内蒙古自治区玉米生产者补贴总额达 390 多亿元，如果有三分之一的耕地轮作大豆，补贴将远远超过这个金额，因为大豆的补贴金额比玉米的补贴金额要高很多。同时还要支付巨大的政策执行成本，需要经过农户上报、实地核实、测量、统计、公示等众多环节，需要耗费大量的人力物力成本。2014 年新疆棉花种植面积核查总成本高达 5.47 亿元[165]。

问农民为什么玉米价格下降还要继续种植玉米而不改种大豆时，当地农民回答的是“大豆到秋天不好卖，玉米好赖能卖出去”。玉米容易销售出去与玉米的用途广、市场的需求量大有关，目前我国每年玉米需求量在1.9亿吨左右。顾莉丽、郭庆海对吉林省的实证研究也得出了这样的结论：农户连作玉米而不轮作大豆的原因是，种植大豆销售风险大、种植效益低[85]。在江苏、湖南等地调研中发现，农户绝大多数耕地都是小麦和水稻的常年连作，轮作油菜的耕地很少，主要原因也是由于油菜籽的价格低、很难以本身非转基因的品质并较高的价格销售出去，农户种植油菜不划算。因此，由于油脂大豆面临的国外低价转基因大豆的激烈竞争，导致国产大豆种植遭遇销售困难、效益低的困境，单独的生产者补贴政策很难扭转大豆种植的萎缩，需要新的对策，并且靠补贴来维持的轮作生产常态化，政府财政也将难以支撑。

2. 促进油料生产的新对策探讨

国外进口大豆进入中国市场后的低价是国产大豆的主要竞争劣势。因此，如何降低国产大豆的生产成本，进而降低国产大豆的价格，提高国产大豆的市场竞争力是新对策之一。在开放的市场环境下，关税也会影响国外大豆进入中国市场的价格，进而影响其竞争力，所以我们也可以通过关税政策的调整来降低国外大豆的竞争力，从而反方向提高国产大豆的竞争力；同时，与大豆轮作的竞争作物玉米的关税政策也直接影响国产玉米价格，进而影响玉米与大豆种植的比较收益及种植二者的选择，所以我们也需要考虑玉米的贸易政策调整问题。另外，我们也可以在销售环节通过“降低”国产非转基因大豆油价格以及采取政府“采购”两种方式促进国产大豆油的消费和国产大豆的生产。

(1) 加大政府对油料生产的支持力度，降低油料生产成本。就整体而言，目前轮作作物如油料、牧草等的科技应用和科技投入都明显小于主粮作物小麦、水稻和玉米[166]，致使这些作物的抗倒伏等抗灾能力往往也较低[167]、[168]。科技应用程度低，致使我国目前油料种植技术和生产方式较为落后，加之油料种植的田间管理也较为粗放[169]，导致我国油料生产面临单产低、成本高的困境。因此，我国目前油料产业竞争力弱主要是种植成本高、价格较高造成的，单纯的补贴不足以从根本上使我国油料产业摆脱国际竞争力较弱的被动局面，提高单产和降低生产成本是实现粮油轮作常态化的关键。因此，为了振兴油料生产，除了基本的“补贴性”策略和转基因标签制度外，政府的科技支持也应向轮作作物有所倾斜，采取直接补贴与支持生产方式改进并举的措施，并且要加大后者的支持力度，让后者的财政支出占更大的比例，使油料作物种植的科技应用水平与三大主粮持平。具体而言，政府首先应加强对大豆、油菜、花生与牧草的科研和技术推广支持力度，像支持高产粮食作物那样支持油料等轮作作物生产，加强科研、技术推广、田间管理服务等生产性支持，比如对提供油料种植田间管理服务的企业给予一定的资金支持，特别要加强对榨油用大豆和油菜种植的支持，加强对高油大豆种子及高油双低油菜种子研发和推广的支持力度。为了从整体上降低油料种植成本，也应大力支持油料的规模化种植，如对研发、购买效率较高的大豆和油菜播种、收获等机器设备进行支持和补贴，加快推进可开展规模化作业地区的生产全程机械化。尤其是要加大对研发、购买油菜、花生和牧草播种收割等机器设备的支持力度，以改变油菜等轮作作物生产中机器利用率低的现状。我们在调研中发现，除了价格、销售风险、单产等因素外，种植过程中机械的易于采用程度也是选择种植粮食而不选择种植油菜等轮作作物的主要原因。这是由于随着农业劳动力的非农转移、农业劳动力老龄化与农业人工成本的不断增加，农户自身或雇用劳动力从事农业生产不再具有比较优势，于是易于采取机械作业、需要较少人工劳动的粮食作物成为农民种植的首选，而具有劳动密集、难以使用机械的作物种植往往成为农民的次选[170]；根据《全国农产品成本收益资料汇编》资料显示，除了大豆种植的用工量小于粮食种植外，其余的轮作作物油菜、花生等的生产用工量都高出粮食很多，其中油菜的用工量最多，是粮食生产平均用工量的 1.6 倍，因此鼓励增强油菜种植的机械化使用就更为迫切。当然大豆种植用工量少也有一小部分是生产管理粗放、人工劳动投入低的原因。同时，这些针对生产方式的支持性“补贴”最终也间接地提高了种植户的收入，等于某种程度上的变相收入补贴，并且这种间接收入补贴还有一个好处是不干扰市场机制的充分发挥，从而也不会受到 WTO 关于 8.5% 的补贴微量允许水平的约束。

同时，在开放的国际贸易条件下，国内生产成本只是决定油料种植获利大小的重要因素之一，也是农户是否选择种植竞争轮作作物的重要因素之一。就较为典型的轮作模式玉米与大豆的轮作而言，农户在进行竞争作物玉米与大豆种植选择时，会视二者的获利大小而定，利润水平大致相等时，农户就会自觉进行粮豆轮作，否则会偏好种植利润较大的作物。目前每亩玉米种植利润比大豆高出150元左右，加之玉米种植较大豆省事且玉米不像大豆那样存在较大的销售风险，所以绝大多数农户选择了玉米连作而不是粮豆轮作。在粮食种植结构上表现为10多年来玉米种植面积一直是大豆的10倍以上，有时甚至达到了20多倍。而预想实现粮豆轮作必然要使粮豆种植的利润接近一致。决定粮豆种植利润大小的因素无非是二者各自的产品价格和生产成本。正像我们上述所讨论如何降低生产成本的各项措施，诸如鼓励使用良种、对大豆生产进行补贴以及鼓励规模种植等。尽管降低油料生产成本的方法是必要的，但如前所述这种方法仍未打破大豆生产萎缩的困局。之所以如此，是因为生产成本刺激方法只有在一定条件下才会有效。在玉米价格较低的情况下，比如，在2016年取消玉米临储收购后，政府积极去库存的两三年内，玉米价格降到了每斤0.7元左右，按玉米亩产1500斤左右，玉米种植成本450元左右，这样一亩地玉米种植可以获得600元左右的利润；同时，在大豆获得良种和规模经营好处条件下，亩产500斤，大豆种植成本为300元左右，且大豆价格按每斤2元计算，种植大豆能获得700元左右的利润，按这样的生产和市场条件，种植每亩大豆获得的利润比玉米多出100元左右，因此，在这样的条件下农户将会自觉进行粮豆轮作。然而一旦去库存任务完成玉米市场恢复正常状态，在饲料粮需求不断增长进而对玉米需求量不断增长的刺激下，到2018年玉米价格恢复到每斤0.9元左右，而2020年甚至上涨到每斤1.1元，按上面的产量成本，即使按玉米每斤0.9元计算，玉米的利润将反超大豆200元左右。同时，根据国家粮油信息中心数据，2017年玉米价格还在较低的价位时，黑龙江省大豆和玉米种植净收益每公顷分别为3345元和4170元，每公顷玉米收益比大豆高出825元。并且2元是市场上大豆的最高价格，价格2元的大豆主要用作加工高蛋白食品和非转基因优质大豆油，但国产非转基因大豆的用量毕竟是大豆需求总量中的很少一部分，最多占比20%，另外80%的大豆用于榨油，并且这部分大豆使用的是进口转基因大豆，而进口大豆每斤到岸价格才1.6元。这就意味着国产非转基因大豆在国外低价大豆竞争下，其相应榨油大豆的价格要低于2元，甚至会低到国外大豆的价格1.6元，这样种植玉米的利润要比种植大豆高出400元以上，粮豆轮作越发难以实现。2018年国产大豆每公斤价格在3.2－4.0元，东北大豆的售价平均在1.8元每斤。并且在国外低价大豆的冲击下，大豆种植补贴的预期效果也会难以达成，这是因为生产者补贴毕竟只是农户轮作大豆获取收入的一小部分，大豆能否在市场上实现销售才是农户是否轮作大豆的关键[①]。但在进口大豆低价且出油率高的冲击下，在目前的市场环境下，国产大豆难以与进口大豆竞争，农户种植大豆面临销售困难，农户还是会选择种植更为保险的玉米。因此，从降低生产成本这个单因素来促成粮豆轮作常态化还难以实现，还需要考虑另一个影响变量，粮豆各自的市场价格。而决定价格的一个关键因素是贸易条件。在决定价格的关键因素中，玉米和大豆面临的国内竞争环境是相同的，而由于贸易政策不同所决定的外部供给条件不同就成为影响二者价格不同的关键因素所在。具体而言，由于关税政策不同致使玉米和大豆进入国内市场的供给数量及竞争效应也会不同，最终对国内玉米和大豆的价格产生了不同的影响。因此，在开放的市场环境下，为了鼓励国内油料生产除了降低其生产成本外，还需要考虑其所面对的贸易政策条件。为此，为了促进轮作作物的国内种植，尤其是促进大豆的种植，合理的贸易政策也是必须的。

（2）增加进口大豆贸易成本，降低进口大豆竞争力，适度限制大豆进口；同时适当增加玉米配额数量，下拉国内玉米价格，从而刺激玉米减产和大豆增产。目前我国为了实现玉米的基本自给，虽然玉米与小麦和水稻具有完全不同的消费结构和生产用途，但却得到了与小麦和水稻近乎一样的政策保护，尤其是在关税保护政策上更是接近。如果仅从国内玉米需求量较大这一单一表面因素及其相应的饲料供给安全考虑，对于玉米采取基本自给目标

---

① 即使我们采取高补贴政策，比如目前黑龙江省大豆的种植补贴每亩达到了400元，农户轮作大豆的积极性仍然不高，况且如此高的补贴也不可持续，进而也不能使轮作常态化。

看似是基本合理的①，然而在我国人均耕地资源较为困乏的条件下，并且把玉米的生产与其竞争作物大豆的生产联系起来时，考虑粮豆轮作的生态效应及不进行粮豆轮作的生态代价和不可持续性时，我们就会发现对玉米进行适量进口和对玉米市场进行适度放开，从而间接促进竞争作物大豆的生产是极其必要的，而严格保证玉米基本自给②却是得不偿失的。事实上，关于适度提高粮食净进口依存度的合理性也有不少学者进行了研究，蓝海涛还计算了粮食自给率从95%降到90%能节省的水、土地和化肥的使用数量；卜伟、曲彤等研究认为粮食净进口依存度过低会影响粮食安全的可持续性；张在一、毛学峰等从目前玉米的粮食属性出发，认为应适当放开玉米进口。

目前我国对大豆实行高度自由贸易政策，过于开放，只有3%的关税，并且不设配额；低关税引起的进口低价格致使国外转基因大豆大量涌入我国市场，2019年我国进口大豆达8851万吨，大豆进口依存度达85%。在如此开放的市场条件下，国际大豆价格直接决定和影响大豆进口价格，进而影响国内大豆价格。在低价进口大豆的冲击下，我国大豆因滞销而不得不降低价格。郑旭芸等的实证研究也表明，国际大豆价格对国内大豆价格的传导较为充分，当国际大豆价格变动1%时，国内大豆价格同方向变动0.9%左右[171]。因此我国也出现了大豆种植成本上升但大豆价格却不升反降的反常现象。为此，有必要适度限制大豆进口，以减少低价进口大豆对国产大豆价格的打压，增加农户种植大豆的收益，以此促成玉米轮作大豆。在限制大豆进口的对策上，由于我国在加入WTO过程中承诺大豆的进口关税保持在3%水平，为此，我们只能在基本关税不变的前提下，通过采取进口配额及相应提高关税、使用技术性和检疫性保护措施来减弱进口大豆的竞争力。此类措

---

① 然而即使从玉米需求量大这一点来说，玉米也不一定要“完全自给”。这是因为尽管目前对玉米需求较大，但其重要性仍然不能与小麦和稻谷相提并论，毕竟由于玉米消费结构的变化，玉米已从口粮中分离出来，成为饲料粮。既然是饲料粮我们必然会联想到，同样具有提供饲料作用的大豆为什么没有要求保证基本自给？目前，我国对大豆的需求量也较大，并且与玉米需求量之间的差距并不是很大，每年对大豆的需求也接近了1亿吨，玉米需求量在1.9亿吨左右。所以，单从需求量较大和饲料安全角度考虑并不能得出一定要单独保证玉米基本自给的粮食安全要求。

② 为了保证三大主粮的供给安全，我国提出了“谷物基本自给，口粮绝对安全”的粮食安全目标，即稻谷和小麦的自给率不低于100%、玉米的自给率不低于95%。因此玉米“基本自给”是指玉米的自给率不低于95%。

施越多、标准越高、程序越复杂，越能提高进口大豆的贸易成本，从而降低其竞争力，进而相对应地增加国产大豆的竞争力。

同时，玉米的贸易保护程度与大豆的不对等加剧了农户种植大豆和玉米的收益差距。我国对主粮玉米的贸易保护程度较大，我国玉米进口采用 TEQ 管理，目前配额数量为720 万吨，配额内关税 1%，配额外关税 65%。由于我国玉米需求量较大，且配额数量较小，以至于关税对玉米市场的保护接近完全，导致中国玉米市场长期与国际市场隔绝，国际市场调剂玉米供求的作用微乎其微，国际玉米价格对国内玉米价格的影响也就极低。随着居民生活水平的提高，进而对消耗饲料型产品肉蛋奶等的需求增加，玉米的供求关系将长期处于偏紧状态，如果一直保持目前的关税政策，我国玉米价格将一直在相对高位运行，国内价格也将长期高于国际价格。仇焕广的实证研究表明，如果控制玉米的进口额不超过配额水平 720 万吨，将导致国内玉米价格上涨 10.5%[10]。一直处于高位价格的玉米市场将会引致农户连作玉米，而与其轮作的、保护程度较低进而价格低位运行的大豆生产将会受到不同程度的冷落。

为此，为了实现粮豆轮作，应适度放开玉米进口市场，适度增加玉米配额数量，这样在配额范围内，较多的低价国外玉米会进入我国市场，将改善我国玉米供给的偏紧状态，进而会下拉国内玉米价格，种植玉米的收益将会相对下降，而轮作竞争作物大豆的比例将会上升。当然，增加配额数量的界限是不能改变国产玉米占绝对优势的地位，我们可以把原来基本自给的自给率从 95% 降到 85% 或者 80%，即配额扩大到 2850 万 - 3800 万吨，这样减少玉米种植的耕地就可以用来轮作大豆。同时，我们并不是追求最优的粮豆轮作制度，只是要实现一个长期的基本耕地轮作，毕竟我们要优先保证主粮玉米的供给。通常玉米与大豆轮作最优是每隔 2 年，我们能实现每隔 3 年或者 4 年轮作一次即可。也就是说由玉米进口配额的增加而腾出的耕地只要满足基本的粮豆轮作即可，这样基本轮作制度的实现对玉米产量的影响程度并不是很大，仍能保证国产玉米供给占绝对优势。这样，我国就能把目前只大量进口大豆分解为既进口大豆又进口玉米，以改变目前大豆进口独大的生态被动局面。

（3）在销售环节通过“降低”国产非转基因食用油价格和采取政府“采购”非转基因食用油两种途径，以此促进国产非转基因大豆油的消费和生产。本部分的讨论是假定国产大豆成本保持不变的情况下，如何促进国产大豆的消费，进而促进其种植和生产。尽管目前国产油料在成本和价格上与国外转基因油料没有竞争优势，但由于国产油料是非转基因，并且通过轮作又具备了绿色品质，这样国产油料可以在质量上获得竞争优势，从而形成两种产品、两个市场的格局。事实上我国食用油市场上目前已经形成了两种产品、两个市场的格局，只是非转基因食用油的价格相对较高，从而市场占有量很小，只有部分家庭在自制食品时才会使用非转基因食用油。目前我国非转基因食用油的价格高出转基因食用油价格30%以上，这会有两种需求负效应，一是在一定程度上会抑制消费者或者机关单位及其他团体在自制食品时非转基因食用油的消费。消费者或者一个团体在进行消费行为选择时，是通过替代品之间给他带来的价值与其价格之比进行比较而做出判断的[172]，对于选择转基因食品还是非转基因食品，是通过非转基因食品与转基因食品带给他的价值与其价格之比进行比较而决定的。由于非转基因食品的价格偏高，对非转基因食品消费意愿不是特别强烈的人或者团体可能就会因感知其价值较之转基因食品带来的价值低得多，从而不消费非转基因食品；二是由于转基因食用油与非转基因食用油的价格差距较大，餐饮及食品加工企业会由于使用转基因食用油较使用非转基因食用油获得的利润差距较大，并且转基因食用油的直接安全性较高，餐饮和食品加工者不用担心食用转基因食用油会给消费者带来健康问题，价格相对较低加之“安全性”又高，餐饮及食品加工者使用转基因食用油的积极性就更大①。总之，转基因食用油与非转基因食用油价格差距较大会给非转基因食用油消费带来很大的抑制作用。如

---

① 随着居民生活节奏的加快和收入水平的提高，居民在外就餐及购买现成的加工食品的机会越来越多，而为了使其食品的味道更加“可口”，在转基因大豆油低价的刺激下，餐饮和食品加工者在加工菜品和食品时过度用油不可避免。而过量摄入食用油会引发高血压、肠胃炎等身体健康问题。因此，大量转基因大豆的进口不仅抑制了玉米与大豆种植环节的轮作，进而引发生态和农业可持续发展问题，还会引起居民对食用油的过量食用，进而引发身体健康问题。同时，有的学者还提出了，对低单产大豆的大量进口在短期内会带来耕地资源节约效应，但在长期将会形成较大的耕地资源潜在供给缺口，从而不利于我国的长久粮食安全[173]。

果政府通过一定的政策手段来刺激非转基因食用油的需求与消费，非转基因油料的种植和加工规模就会逐渐扩大，就会带动种植和加工环节的研发投入①，这样种植和加工环节就都随之获得规模效应，生产成本和产品价格也会有所下降，价格下降将进一步刺激其需求，从而会使国产非转基因油料产业进入一个螺旋上升的良性发展轨道。具体而言，第一，政府可以通过给予非转基因油料加工企业一定的补贴来“诱引”非转基因食用油价格下降，进而扩展消费。政府可以通过给予非转基因油料加工企业一定的补贴或者减免税收等财政杠杆来激励加工企业进行非转基因食用油加工，这样通过政府对加工企业的财政补贴，非转基因食用油的价格就会有所下降。具体措施可以采取对加工企业每加工 1 吨非转基因国产油料给予一定的货币补贴，或者适当降低加工企业增值税税率以及出口退税等优惠政策。相应地加工企业就有积极性在市场上收购价格较高的非转基因油料进行加工生产，非转基因油料的优质优价就会以更大的市场份额和更大的产量得以实现。第二，增加非转基因食用油消费的另一个途径是实施消费的政府补贴和政府采购机制。政府可以通过政府采购体系，鼓励或者“强制”机关及企业食堂，大、中、小学校及幼儿学校餐厅采购质量安全较好的非转基因食用油来进行食品加工和制作。政府提供免费饭菜的中、小学校一定要通过政府采购方式购买非转基因食用油作为加工食物的食用油原料。没有提供免费食物的中、小学校及幼儿学校食堂，政府可以采取强补贴政策鼓励这类学校采购非转基因食用油制作食物。而对于大学、机关单位及企业食堂而言，政府可以通过大力宣传和少量补贴（即弱补贴政策）来鼓励其采购和使用非转基因食用油加工食物。同时，由于采取耕地轮作种植的油料其种植过程的绿色栽培技术自然也得到了提高，那么通过轮作获得的油料就可以达到绿色食品原料标准，这样用此类油料加工而成的食用油就具备了绿色食品和非转基因食品的双重品质，具备了这样双重品质的非转基因绿色食用油会更有利于其在具有集体性质的食堂和餐厅的消费和食用。目前政府为了保证中、小学校及幼儿学校食堂的食品

---

① 由于消费和种植规模的萎缩，使国内大豆产业科研和技术推广部门对大豆科技研发和推广的投入也较少，大豆单产的提高较为缓慢，进而也影响了大豆种植成本的降低[174]。

质量安全，强制学校采取领导、教师和家长陪餐的方式来约束学校食堂的食品质量安全，这种管制实际上关注的是食品安全问题，但食品的营养成分含量和化学合成物残留含量等隐性、慢性食品安全问题才是食品质量安全的根本[175]，而这类食品安全问题只有通过使用高品质的初级农产品原材料才能实现，政府通过鼓励和“强制”具有集体性质的食堂和餐厅尤其是中、小学校的食堂使用具有绿色品质的食材制作食物才能从更根本上保证饮食健康。

同时，无论是给予非转基因油料加工企业的补贴，还是给予非转基因绿色食用油消费者的补贴，其实施的行政成本都较低，只要按照加工企业、机关单位及学校提供的交易额票据就可以直接补贴兑现，不用像给予大豆等非转基因油料生产者补贴那样需要经过上报、审核、测量以及统计等一系列复杂步骤才能兑现，并且需要支付高额的行政实施成本。这实际上也等于间接补贴了生产者，因为有了足够的需求量，生产者就可以把其优质的非转基因油料以优价的方式出售出去，从而其正常收益得到了保障。总之，从鼓励消费和扩大需求开始，进而促进非转基因绿色油料种植，会逐步形成农户种植的规模效应，使非转基因油料的生产成本逐渐下降，从而价格竞争力有所提高，最终使非转基因油料的综合竞争力得到提高。

4.4.2 促进粮食绿色品质完全实现市场化的策略分析

1. 制定出能与常规食品明显区分开来的可操作性的绿色食品标准，让绿色食品从标准上摆脱目前的“半柠檬状态”

目前我国绿色食品品质从其平均水平和价格上看并没有与普通食品显著区分开来，我们需要从产地环境和投入品使用等生产过程控制上制定出明显高于常规的种养殖业的可操作性标准。无论是在产品检测还是在生产过程控制上都制定出可操作性的产品营养品质、卫生品质及其对应在种养殖过程中进行化学合成物投入品使用时的数量界限。比如，在玉米种植中，绿色种植的产品卫生标准要求允许限制使用的某种化学合成农药残留成分不得超过国家或国际标准的50%，政府就应该推算和制定出籽粒玉米达到这样一个产品标准要求玉米种植过程中农药使用量的上限。化肥成分在粮食等农产品中的残留控制也要按同样思路制定出种植过程中的化肥使用量界限。按化肥和农药等化学合成物投入品的具体使用量限制种植的农产品其主要营养品质也会有一个比较明确的定量标准，这个营养成分标准也为我们提供了每种绿色食品的营养品质标准，进而在绿色食品终端产品品质的检测中，既有了准确的卫生标准，也有了较为准确的营养品质标准，在加之严格的产地环境和生产过程控制监管，绿色食品无论是在生产过程还是在产品检测上都有了可操作性的标准。而日本直接用特定的生态栽培方式来认证生态农产品，按比常规农业减少 20%、50% 使用化肥和农药和不使用化肥和农药，把生态农产品分三个层次认证，其价格分别是普通农产品的 1.2 倍、1.5 倍和 2.1 倍[151]。为了使绿色农产品的品质明显与普通农产品区分开来，我们应把绿色食品种植过程中化肥和农药的投入量定为比常规种植减少 40% 或者 50%，并测算和制定出每种农产品对应的营养品质和卫生品质绿色食品标准。当然减少化肥和农药的投入定会增加种植成本，但在政府对绿色农业技术实施有一定补贴的情况下，绿色食品价格还会在居民购买溢价范围之内。这样绿色食品的品质与价格既与普通食品有了明显的区分，又在居民的购买溢价范围之内。同时据专家计算，目前我国即使整体将农药和化肥的使用量减少一半，也不会对我国居民的温饱产生较大影响。有了科学的认证标准，政府应对企业对生态农产品的标识和宣传做出严格的法律规定，即只允许企业按国家标准认证的认证结果进行产品信息标识，而不能出现没有经过国家认证的概念性“生态”农产品信息标识和说明，如“生态米”、“蟹田米”等。

2. 构建市场化的第三方绿色食品认证管理机制

我国必须改革目前的行政化绿色食品认证体制，以实现认证机构和认证管理机构独立地行使权利和承担责任。具体而言，必须改变这种政府垄断认证机构的做法，推进绿色食品认证机构的社会化和市场化，将认证机构改造为独立于农产品管理机构的第三方；规范认证机构的资质，提高进入门槛，这样认证机构的沉淀成本增加，在竞争和政府的高监管频率和违规高处罚的强监管下，认证机构和认证产品企业会积极培育自己的品牌声誉，实施严格如实认证。而政府农产品质量管理机构只执行监管职能。为了让每个认证机构能在一定区域内和一定农产品品种上实现认证的规模经济和范围经济，政府应允许一个食品质量认证机构既可以提供有机食品又可以提供绿色食品认证服务，把绿色食品认证和有机食品认证整合到一起，而不像目前有机食品认证机构只允许认证有机食品。

3. 鼓励大型品牌食品加工企业进行绿色食品认证

因为目前绝大多数消费者在购买粮油等食品时并不关心是否具有绿色食品标识，只关心产品的品牌知名度，因此政府可通过一定的支持政策（如按生产并认证绿色食品的规模进行适当减免税收）鼓励品牌企业进行绿色食品的生产和认证。同时，目前品牌企业在生产绿色食品时对控制初级农产品原料的绿色品质也有了较好的条件，这是因为随着农业生产规模化的提高，品牌企业不再像以前那样面对的是耕种面积不足 10 亩地的小农户，而面对的是种植面积较大的家庭农场、专业种植大户、合作社以及规模养殖的专业养殖户和养殖场，由于信息对称程度的增加以及控制与监管的规模效应，加之互联网技术应用的普及，品牌企业对规模种养殖的生产投入品的监管就更加容易。一旦品牌企业有了绿色标识，消费者在购买品牌企业食品时，就获得了品牌食品附带的绿色品质信息，在上述严格标准和严格认证条件下，加之对新认证制度下“新的”绿色食品的大力宣传，在品牌企业声誉效应机制作用下，绿色认证食品的认可度会得到逐步提高，绿色食品消费也会逐渐成为居民能直接获得食品认证信息时的消费的首选。

4. 通过政府采购体系，扩展消费者不能直接获得绿色标识信息的集体食品消费情景下的绿色食品消费

鼓励或者“强制”机关及企业食堂，大、中、小学校及幼儿学校餐厅采购具有绿色食品标识的食材进行食品加工和制作。政府免费提供食物的中、小学校一定要通过政府采购方式购买具有绿色食品标识的农产品作为加工食物的原料。没有提供免费食物的中、小学校及幼儿学校食堂，政府可以采取补贴政策鼓励这类学校采购绿色食品制作食物。对于大学、机关单位与企业

的食堂而言，政府可以通过大力宣传和少量补贴来鼓励其采购和使用绿色食品进行食物加工。

4.5 结语

本章集中研究的是最为普遍、在全国范围内占绝对主导比例的粮食与油料的耕地轮作模式，但像我们在第2章所分析的那样，除了主导的粮油轮作模式外，还有其他的轮作模式，如粮食与薯类、棉花、青饲料、苜蓿、青贮玉米等轮作模式，并且有些轮作模式在局部地区也较为重要，如内蒙古和黑龙江两省区的粮食与牧草之间的轮作模式，因为两省区都是牧业大区，尤其是内蒙古。由于薯类和棉花等短链经济作物能较容易通过消费者短链型消费收回自身价值，加之其面临的产业环境与国际环境也基本相同，如棉花种植同国外一样也是转基因种植，因此这类轮作作物的生产和销售可以通过纯粹的市场机制来实现供求基本平衡。而像牧草如苜蓿、青贮玉米等长链型并且资产专用性较强的经济作物，由于其只是一个中间产业，所提供的产品也只是中间产品，其产品价值需要经过养殖业的转化等较多的中间环节、较长的产业链条才能得以实现，所以需要“辅助”市场制度的推动才能促成这类作物的种植和轮作。故此，本章我们分析了如何推动粮食与牧草之间的轮作。这也是基于目前我国牧草严重短缺，牧草在种养殖业中特殊的、无法替代的生态和“增产”作用和两大牧区内蒙古和黑龙江牧草种植面积较少的现实考虑。目前全国青饲料种植面积只占总作物面积的1.32%；内蒙古青饲料的种植面积也只占内蒙古总农作物种植面积的4.3%，这一比例要归功于近几年国家在内蒙古地区推行的强补贴性质的粮改饲轮作试点政策；而黑龙江青饲料的种植比例更低，只占该省总作物种植面积的0.3%。

尽管目前种植苜蓿等牧草的效益很好[176]，但由于牧草种植和销售的难度很大，很难像种植粮食那样通过一家一户各自的种、收、储和销售就能容易地获得收益。当前粮食种植技术较为成熟，并且粮食的替代性较弱，从而销售风险较小；而对牧草的种植技术农户还相对比较陌生，同时牧草收获的及时性要求更严格，要及时收获、晾晒、打捆和贮存才能保证牧草的质量，其中任何一个环节出现问题都会导致牧草种植一无所获[177]，这就需要有为牧草生产提供“耕、种、收”在内的全程机械化服务的社会化组织，并且牧草种植在一定区域要达到足够规模。更为重要的是，牧草的资产专用性特别强，用途较为单一，只能做饲料，并且很容易被其他农产品如籽粒玉米所替代，而不像粮食其替代性较弱，因此，牧草的销售风险也较大，农户只有在有稳定的销售渠道时才会积极种植。

鉴于牧草产业的特点，需要政府从种植和销售两个层面来扶持牧草产业发展。为了降低农户在种植收获环节的风险，鼓励相关科研院所对牧草种植技术的研发，支持为农户提供牧草“耕、种、收”等社会化服务组织的建立和发展，参考对粮食生产支持的做法，对农户种植牧草给予适量的直接补贴，对购置饲用作物种植、收获、加工等机械设备给予同等的“农机具”购置补贴，以推动牧草产业进入快速发展轨道。

牧草销售层面应从推行牧草产业化入手。政府应鼓励支持大型养殖企业或者营销公司与农户签订种植合同，实行订单种植，实现草畜直接结合。在大型农畜产品加工企业的引领下，在规模养殖企业的组织下，引导种植大户、家庭农场等规模农业经营主体组建种植合作社，实行订单牧草规模性种植，形成“龙头农畜产品加工企业+养殖企业+合作社+基地+农户”的牧草生产、畜禽养殖、畜产品加工的一体化、产业化发展模式。发展牧草连片种植基地，基地之间的区域连片能满足牧草种植各环节专业化服务所要求的市场需求量，这样牧草种植的社会化服务供给就会精细化、专业化和可持续。最后牧草较高的营养品质价值通过品牌农畜产品加工企业的终端优质加工产品体现出来。

本章所讨论的耕地轮作常态化的措施均是按常规的正向激励途径展开分析的。而耕地轮作能减少化肥和农药使用的生态效果提示我们也可以采取反向激励措施来促进耕地轮作。即如果农业生产的化学投入品化肥和农药的价格上涨会激励农户采取减少二者使用量的轮作耕作方式，反之如果化肥和农药的价格较低，农户减少二者使用量的积极性就会下降，从而会低抑制耕地轮作。学者葛继红的实证研究也佐证了我们的观点，其研究表明，要素市场扭曲激发了农业面源污染，具体而言，国家对化肥行业的价格管制政策以及国家对农户实施补贴的财政支农政策，导致了化肥要素市场扭曲的存在，从而激励了农户过度使用化肥，进而在一定程度上激发了农业面源污染[178]。为此，政府不能“人为”干预化肥和农药市场，从而人为降低二者的价格①。换言之，依据当前的化肥和农药所处的行业环境，政府应采取诸如，停止对常规农药、化肥研发的补贴，取消对常规化肥和农药生产企业的财政补贴，增收生产和使用常规农药和化肥的环境污染税，取消农户购买和使用常规化肥和农药的农资补贴等政策，以此增加使用常规化肥和农药的成本，从而“逆向”鼓励耕地轮作。

① 当然在特殊的国际贸易和国内市场环境下，比如目前的新冠肺炎疫情下，政府应急补贴化肥供给是合理的，除非如此，政府不应该“人为”干预化肥和农药市场。

第5章

主要结论

结论1：耕地轮作在解决我国目前农业生产面临的资源环境压力问题时具有“以地养地”的内源性作用，是解决农业生态问题的治本策略，是保证持久粮食安全无可替代的手段。这是因为耕地轮作具有保护土地质量、提高土地肥力、减少病虫害与杂草、充分利用水分和营养，进而具有提升农产品绿色品质、提高农作物单产、降低生产成本、提高农产品竞争力以及减少农业面源污染等生态和经济效应。

结论2：单纯促使一次性种植过程自身的生态化如精准施肥而不配置耕地轮作，长期累积效应也会变得不生态。这是源于任何土地如果常年只种植一种作物，这块土地终究会变得越来越贫瘠，而为了获得一定的产出必须付出更大的边际努力和投入，进而会陷入成本和生态代价递增的旋涡，结果破坏了边际努力的成果。并且累积一定时期后可能还会引发系统性生态危机，进而影响持久粮食安全。

结论3：我国需要纠正以往以一两种甚至一种粮食作物为绝对与过度主导的粮食主产区区域规划及激励策略，应对主销区和产销平衡区中的产粮大县采取同粮食主产区同等的粮食生产支持政策，以调动粮食非主产区的粮食生产积极性。换言之，应该实施全国统一的粮食生产支持政策，比如，目前政府的口粮最低价收购支持政策应在全国范围内实行，而不是局限于粮食主产区的10多个省份。这样统一的粮食支持政策会调动粮食非主产区的粮食生产积极性、增加非主产区的粮食产量，从而可以分担粮食主产区的粮食生产和生态压力，为粮食主产区进行轮作种植提供空间。

结论4：要从单一的粮食自给率安全观战略转向粮食安全结构观及“综合粮食”自给率战略。耕地轮作所要求的农作物种植结构多样性要求我国在粮食安全观念上必须从以往单一考虑谷物及口粮自给率转向以谷物自给率为基础并兼顾农业种植结构基本安全两个层面上来，也就是“综合粮食”自给率战略。

结论5：进口大豆就是“进口土地”的农业比较优势思路会使我国陷入比较优势的生态陷阱之中，我国可以把目前只大量进口大豆的农产品贸易方式分解为既进口大豆又进口玉米，以改变目前大豆进口独大的生态被动局面。从农业资源比较优势角度出发似乎可以得出这样的结论：我国人地关系紧张，为了保证粮食安全应选择种植单产较高的作物如玉米和水稻，而单产较低的土地密集型作物如大豆应选择进口。但如果单纯为了获得节地效果，单纯大量进口大豆致使大豆生产萎缩，进而出现玉米常年连作，从而累积的生态代价及其不可逆性而造成的损失将远远大于进口大豆的节地效果。因此需要扩展大豆生产，实现基本的玉米与大豆之间的轮作制度，玉米的减产和少量不足可以通过进口来弥补。

结论6：我国目前玉米连作模式增加了玉米和大豆的种植成本，进而降低了玉米和大豆的国际竞争力，也导致了农业面源污染增加和农业发展的不可持续。而农业发达国家玉米和大豆所具有的较高市场竞争力的部分原因恰恰在于其获得了粮豆轮作的成本优势。因此，美国的大豆和玉米同时都具有很强的竞争优势，美国既出口大豆又出口玉米。我国也要积极实现常态化的粮豆轮作，进而获得粮豆轮作的诸多益处：减少农业面源污染，提高玉米和大豆单产，降低玉米和大豆生产成本，提高玉米和大豆国际市场竞争力，保持农业可持续发展。如果我国在东北黑土地的核心地带如黑龙江省南部、吉林省中部和辽宁省北部及华北平原等优等土地上轮种大豆的话，大豆单产也能达到250公斤以上。玉米与大豆的轮作会同时降低二者的生产成本，并能增加大豆和玉米的品质，从而提高它们的国际竞争力。

结论7：从轮作程度上看，整体明显偏低。相对而言，三大粮食主产区长江流域最高，其次为华北平原，东北平原最低。通过估算，长江流域轮作比例在30%－35%；河北省轮作比例为25%，山东省轮作比例为24%，河南省轮作比例为30%；东北地区吉林省轮作比例在5%－10%；黑龙江省轮作比例在20%－30%。同时，轮作程度偏低也反映在目前粮食供给结构上，从总量上看，目前我国谷物供给处于绝对安全状态，三大主粮中小麦和稻谷的自给率均在100%以上，玉米的自给率也接近99%。而综合粮食自给率偏低，仅为85%。相对应的油料自给率较低，仅为40%，大豆自给率更低，仅为15.4%，应提高综合粮食自给率即提高油料自给率。

结论8：粮食市场自身存在一定程度的“谷贱伤农”现象以及产量波动和价格波动是正常而有益的，有利于耕地轮作的实现。粮食产量与价格之间按其自身规律发生的负反馈互动关系，会使粮食市场表现出“两丰一欠一平”与“谷贱伤农”现象，进而使粮食价格出现涨落，粮价下降种粮收益减少时，正是与粮食轮作的作物价格上升从而收益增加的时候，这样农民会自觉减少粮食的种植，相应地增加其轮作竞争作物的种植，从而促进耕地轮作。

结论9：持续刚性上涨的粮食最低收购价扭曲了市场作用，打破了粮食市场应有的一定程度的“谷贱伤农”现象，抑制了耕地轮作。持续上涨的粮食最低收购价，使我国粮食市场表现为明显的“政策市”和“政策价”，粮食市场价格与供给之间仅存在直接的单向联系，而没有形成有效的闭合回路，打破了粮食丰收本来就会产生不同程度的“谷贱伤农”现象，结果抑制了耕地轮作。

结论10：政府的最低收购价和临时收购价对粮食主产区农户的粮食生产存在显著的正向影响。玉米的临时收购价对玉米播种面积的正影响最大，水稻次之，小麦最小。这就提示今后政府在进行玉米产业政策调整时不宜一次性幅度太大，需要循序渐进地进行政策调整。例如，对水稻和小麦的最低收购价进行调整改革，可以先从小麦试行而后再根据小麦的试行经验推广到水稻，因为小麦种植对价格调整的反应程度较小。

结论11：坚持粮食市场化改革，优化粮食产业结构。无论从玉米市场化改革的经验上看，还是从近期降低口粮最低收购价的实践效果上看，粮食市场化改革方向都充分发挥了市场激活力、调结构的作用。为此，针对目前的市场环境，除特殊的国际紧张关系和国际贸易环境外，应当逐步下调稻谷和小麦的最低收购价格，以更好地引导农户调整优化种植结构、提高粮食供给质量。

结论12：为了促成耕地轮作，要让市场机制在粮食市场中真正充分发挥其调节作用，恢复粮食市场本来的一定程度的"谷贱伤农"现象。具体而言，需要考虑"最低收购价+补贴"产生的组合叠加干扰市场效应；应取消针对水稻、小麦和玉米三大主粮的特定品种补贴政策；最低收购价不能大于粮食生产成本。由于三大主粮具有巨大刚性需求量以及关税配额制度保护，从而替代性极小，粮食销售风险也极低，导致特定品种粮食生产者补贴也成为一种变相的价格支持，所以，应取消针对水稻、小麦和玉米三大主粮的特定品种补贴政策；同时，在通常情况下最低收购价也不能大于粮食生产成本，因为如果大于生产成本，在充足需求的条件下，种粮农户就可以获得一定的稳定收益，结果就会起到刺激农户种粮的作用。

结论13：2018年以后水稻和小麦的政府收购价开始下调，并且2019年下调的幅度还比较大，但最低收购价仍然大于粮食生产成本，导致目前的最低收购价水平对粮食种植仍有过度刺激作用，对粮食市场的作用机制仍有很大程度的扭曲，也没有使主粮常年连作的局势得到根本性的扭转。

结论14：在南方水稻主产区，为了鼓励优质水稻生产和稻油轮作，对只耕种一季水稻的中稻和晚稻的稻谷最低收购价应与中稻、晚稻的生产成本相等，早稻和双季稻的晚稻的最低收购价也应定为低于其生产成本，可定为生产成本的85%，甚至可以取消早稻的最低收购价，因为目前直接用早稻作为口粮的消费者已经很少。而这一区域小麦的最低收购价需要低于当地小麦的生产成本，如果最低收购价等于或者高于生产成本将会刺激小麦的过度种植，从而抑制稻油轮作，该地区可以考虑把小麦最低收购价定为生产成本的85%。在华北地区，为了保证口粮安全，该地区小麦的最低收购价应等于生产成本，以起到对该地区小麦生产者的保本托底作用。政府应鼓励农户在华北地区第二季隔2-4年轮作一次豆科作物如大豆、花生等。在东北地区和内蒙古自治区，为了口粮安全，水稻和小麦的最低收购价应等于生产成本，同时鼓励每隔2-4年进行粮豆轮作。

结论15：政府应将生产者补贴更多地转移到农业基础设施建设和农业社会化服务上。特别要加快高标准农田建设，以此降低粮食主产区的生产成本，间接提高粮食主产区农民的收入。如支持解决农田水利的最后一公里问题、机耕路建设问题、秸秆还田、病虫害统防统治等绿色生产技术服务。

结论16：由于种植性质和面临的市场环境与粮食作物也截然不同，因此，应对与粮食轮作的作物油料种植给予适当的特定品种补贴。但补贴不宜过高，因为补贴过高既会带来政府财政负担的不可持续，又容易把种植结构引向与政策目的相反的轮作作物连作方向。

结论17：保证具有绿色品质的食品能实现"优质优价"是耕地轮作常态化的一个基本要求，因此，科学可靠的绿色食品认证制度的建立是实现耕地轮作常态化的额外市场制度要求。同时，特别需要激励和提高畜禽产品的绿色食品认证比例，实现绿色畜禽产品的优质优价，以此激励粮食与苜蓿、青贮玉米等青饲料的轮作以及玉米与大豆的轮作。这是由于粮饲和粮豆轮作获得的绿色品质农产品，不能像小麦和水稻那样通过直接面对消费者实现优质优价机制，其绿色品质是需要通过喂养牲畜产生的肉蛋奶等畜禽产品来间接显现的。

结论18：目前普通粮食的最低收购价与绿色优质粮食的价差呈收窄态势，这很不利于形成绿色品质粮食的优质优价，从而不利于耕地轮作。二者的差价较小，农户仍然会把粮食出售给国家成为国储粮，而国家在收购时只按照数量收购，无法体现粮食的质量和绿色品质价值，其结果不利于引导农户耕地轮作及生产优质绿色粮食，优质优价机制也难以形成。

结论19：粮食市场全面放开后，避免粮食市场出现大的价格波动和供给过剩与短缺问题的关键途径是，粮食在市场上能实现按其绿色品质等级优质优价地进行销售。通过形成粮食种植差异化——粮食收购和加工差异化——粮食产品销售时质量差异化的绿色品质差异化市场，以此稳定粮食的供给和需求，从而稳定粮食市场，这样也会把粮食市场受到国际市场的冲击降到最小。而粮农获得的收入由原来主要靠产量和保护价格转变为主要靠质量和市场优价。

结论20：目前我国绿色食品认证存在认证标准低、其品质和价格与普通农产品的差距并不明显；生产过程控制标准的可操作性差、产品品质检测标准只注重卫生指标不注重营养品质指标，产品品质检测指标偏少；绿色食品认证行政化等问题。而要实现绿色食品优质优价，首先，要制定出能与常规食品明显区分开来的绿色食品标准，无论是在产品质量检测和生产过程控制上都要制定出可操作性的绿色食品产品营养品质、卫生品质及其对应的在种养殖过程中进行化学合成物投入品使用时的数量界限。其次，要推进绿色食品认证机构的社会化和市场化。

结论 21：转基因标签制度对促进农户非转基因油料种植的作用较小。由于质量信息的不对称，转基因标签制度只对家庭的自制食品和豆制品起作用，而这部分大豆消费只占大豆总消费的很小部分，最多占 20%，另外 80% 的大豆消费都是用于榨油，这部分几乎使用的都是进口转基因大豆，并通过餐饮和加工食品被消费者所消费。

结论 22：目前我国在生产环节鼓励油料种植的“价补分离”政策其作用效果有限。这是因为生产者补贴毕竟只是农户轮作大豆获取收入的一小部分，国产榨油大豆能否在市场上以正常的价格实现销售才是农户是否轮作大豆的关键。

结论 23：目前我国油料产业竞争力弱主要是种植成本高从而价格较高造成的，单纯的补贴不足以从根本上使我国油料产业摆脱国际竞争力较弱的被动局面，提高单产和降低生产成本是实现粮油轮作常态化的关键。为了振兴油料生产，降低油料的生产成本，政府的科技支持也应向油料生产倾斜，应采取直接补贴与支持生产方式改进并举的措施，并且要加大后者的支持力度。政府应加强对大豆、油菜、花生与牧草的科研和技术推广支持力度，像支持高产粮食作物那样支持油料等轮作作物生产，使油料作物种植的科技应用水平与三大主粮持平。尤其是要加大对研发、购买油菜、花生和牧草播种收割等机器设备的支持，以改变油菜等轮作作物生产中机器利用率低的现状。

结论 24：应通过采取进口配额及相应提高关税、使用技术性和检疫性保护措施来减弱进口大豆的竞争力，从而适当限制大豆进口，进而促使国内大豆生产；并同时适当放开玉米市场、增加玉米配额数量，以此下拉国内玉米价格，从而刺激玉米减产和大豆增产。适度增加玉米配额数量，这样较多的低价国外玉米就会进入我国市场，将改善我国玉米供给的偏紧状态，进而会下拉国内玉米价格，种植玉米的收益将会相对下降，而轮作竞争作物大豆的比例将会上升。当然，增加配额数量的界限是不能改变国产玉米占绝对优势的地位，我们可以把原来基本自给的自给率从95%降到85%或者80%，即配额扩大到2850万－3800万吨，这样减少玉米种植的耕地就可以轮作大豆。

结论25：政府应采取诸如，停止对常规农药、化肥研发的补贴，取消对常规化肥、农药生产企业的财政补贴，增收生产和使用常规农药和化肥的环境污染税，取消农户购买和使用常规化肥和农药的农资补贴等政策，以此增加使用化肥和农药的成本，从而“逆向”鼓励耕地轮作。这是由于耕地轮作具有减少化肥和农药使用的生态效果。

结论26：“优质”粮食生产往往会产生生态悖论。随着我国粮食市场改革的深化和全面放开，由于优质专用粮食如专用小麦和专用玉米等能通过市场机制实现优质优价，结果优质专用粮食的种植面积也在逐年扩大，目前我国专用小麦已占到总的小麦种植的35%以上，专用玉米的种植比例要高于小麦，独特产地标识大米的种植比例也不低，专用粮食价格也是按不同营养成分品质来确定的，由于专用粮食较普通粮食价格较高而且收益也较高，并且由于专用粮食的产区都比邻大型专用粮食加工企业，专用粮食的市场需求也较为稳定，所以种植专用粮食的农户根本不会轮作改种其他作物，常年连作一种优质粮食作物将会带来土壤退化、病虫害增多等生态问题。

参考文献

[1] 郭庆海．玉米主产区：困境、改革与支持政策［J］．农业经济问题，2015（04）：4－10.

[2] 赵明正，赵翠萍，等．“零增长”行动背景下中国化肥使用量下降的驱动因素研究——基于LMDI分解和面板回归分析［J］．农业技术经济，2019：（12）.

[3] 杨庆媛，信桂新，等．欧美及东亚地区耕地轮作休耕制度实践：对比与启示［J］．中国土地科学，2017（04）：71－89.

[4] 李世平．论早期农业的轮作制度［J］．中华文化论坛，2009（11）：27－31.

[5] 吴萍．“三权分置”与耕地轮作休耕的实现［J］．内蒙古社会科学（汉文版），2018（05）：55－61.

[6] 杨春，陈文宽，等．发展饲用作物推进种植业结构调整的综合效益评价研究［J］．农业技术经济，2016（08）：119－125.

[7] 王琦琪，陈印军，等．东北冷凉区粮豆轮作模式探析［J］．农业展望，2018（06）：48－52.

[8] 王恒，易小燕，等．粮豆轮作补贴政策效果及影响因素分析［J］．农业现代化研究，2019（04）：638－645.

[9] 毛学峰，刘靖，等．中国粮食结构与粮食安全：基于粮食流通贸易的视角［J］．管理世界，2015（03）：76－84.

[10] 仇焕广，李登旺，等．新形势下我国农业发展战略的转变——重新审视我国传统的“粮食安全观”［J］．经济社会体制比较，2015（04）：11－19.

[11] 张元红，刘长全，等．中国粮食安全状况评价与战略思考［J］．中国农村观察，2015（01）：2－14.

[12] 丁声俊．以“供给侧”为重点推进粮食“两侧”结构改革的思考［J］．中州学刊，2016（03）：42－48.

[13] 饶静．微观视角下的我国农业面源污染治理困境分析［J］．农业技术经济，2011（12）：11－16.

[14] 蔡荣．农业化学投入品状况及其对环境的影响［J］．中国人口·资源与环境，2010（03）：107－110.

[15] 叶敬忠，王为径．规训农业：反思现代农业技术［J］．中国农村观察，2013（02）：2－10.

[16] 刘培生．我国粮食补贴政策的绩效研究［D］．云南大学，2015：85－86.

[17] 向涛，綦勇．粮食安全与农业面源污染［J］．财政研究，2015（7）：132－144.

[18] 王明利．推动苜蓿产业发展、全面提升我国奶产业［J］．农业经济问题，2015（05）：93－97.

[19] 倪洪兴，王占禄，等．开放条件下我国大豆产业发展［J］．农业经济问题，2012（08）：7－12.

[20] 熊秋芳，文静，等．依托科技创新推进我国油菜产业发展［J］．农业经济问题，2013（01）：86－91.

[21] 朱晶，李天祥，等．高水平开放下我国粮食安全的非传统挑战及政策转型［J］．农业经济问题，2021（01）：27－40.

[22] 王文涛，王富刚．贸易摩擦背景下玉米生产者补贴制度的经济效应及政策优化［J］．湘潭大学学报（哲学社会科学版），2018（11）：17－23.

[23] 郭庆海．“粮改饲”行动下的生态关照——基于东北粮食主产区

耕地质量问题的讨论［J］．农业经济问题，2019（10）：89－99.

［24］陈锡文．农业供给侧改革的几个重大问题［J］．农业工程技术，2016（15）：38－42.

［25］马晓河．新时期我国需要新的粮食安全制度安排［J］．国家行政学院学报，2016（03）：76－80.

［26］蔡丽君，刘婧琦，等．玉米—大豆免耕轮作体系玉米秸秆还田量对土壤养分和大豆产量的影响［J］．作物杂志．2015（05）：107－110.

［27］周桂玉，张晓平，等．黑土实施免耕对玉米和大豆产量及经济效益的影响［J］．吉林农业大学学报，2015（06）：260－267.

［28］陈丹梅，陈晓明，等．轮作对土壤养分、微生物活性及细菌群落结构的影响［J］．草业学报，2015（12）：56－65.

［29］姚致远，王峥．轮作及绿肥不同利用方式对作物产量和土壤肥力的影响［J］．应用生态学报，2015（08）：2329－2336.

［30］张忠潮，任格格．“一村一品”战略的环境影响评价及启示［J］．西北农林科技大学学报（社会科学版），2014（03）：24－27.

［31］聂英．中国粮食安全的耕地贡献分析［J］．经济学家，2015（01）：83－93.

［32］张云华．关于粮食安全几个基本问题的辨析［J］．农业经济问题，2018（05）：27－32.

［33］仇焕广，李登旺，等．新形势下我国农业发展战略的转变——重新审视我国传统的“粮食安全观”［J］．经济社会体制比较，2015（04）：11－19.

［34］卜伟，曲彤，等．中国的粮食净进口依存度与粮食安全研究［J］．农业经济问题，2013（10）：49－56.

［35］蓝海涛，王为农．我国中长期粮食安全的若干重大问题及对策［J］．宏观经济研究，2007（06）：7－14.

［36］王晓君，何亚萍．“十四五”时期的我国粮食安全：形势、问题与对策［J］．改革，2020（09）：27－38.

［37］张在一，毛学峰，等．站在变革十字路口的玉米：主粮还是饲料

粮之争 [J]. 中国农村经济, 2019 (06): 38-53.

[38] 崔宁波, 董晋. 新时期粮食安全观: 挑战、内涵与政策导向 [J]. 求实学刊, 2020 (06): 56-65.

[39] 辛翔飞, 刘锐. 破解自给率越高粮食越安全的迷误 [J]. 农业经济问题, 2020 (10): 19-30.

[40] 姜长云. 关于我国粮食安全的若干问题 [J]. 农业经济问题, 2005 (02): 44-48.

[41] 郭燕枝, 郭静利, 等. 粮食安全问题判断的另一个视角: 我国粮食自给率和谷物自给率之比较 [J]. 江苏农村经济, 2008 (01): 61-62.

[42] 贾帅帅, 张旭辉, 等. 新形势下中国粮食安全战略调整的现实逻辑: 基于粮食、谷物与口粮自给率的分析 [J]. 价格理论与实践, 2016 (10): 140-143.

[43] 杨晓琳. 华北平原不同轮作模式节水减排效果评价 [D]. 北京: 中国农业大学, 2015.

[44] 官春云. 湖南省油菜种植面积下降令人忧 [J]. 湖南农业, 2007 (01): 4.

[45] 张乐平, 刘德林, 邹朝辉, 邵赛, 谢洪科. 湖南油菜产业发展战略的思考 [J]. 湖南农业科学, 2009 (07): 102-104.

[46] 张彬. 吉林省松辽平原玉米带生态补偿问题研究 [D]. 长春: 吉林农业大学, 2016.

[47] 樊琦, 祁迪, 等. 玉米临时收储制度的改革与转型研究 [J]. 农业经济问题, 2016 (08): 74-81.

[48] 廖进球, 黄青青. 价格支持政策与粮食可持续发展能力: 基于玉米临时收储政策的自然实验 [J]. 改革, 2019 (04): 115-125.

[49] 陈会玲, 李宁, 何啟. 最低收购价政策的粮食安全效应——基于湖北省样本地区数据的分析. 农村经济, 2019 (09): 17-24.

[50] 崔奇峰, 蒋和平, 等. 我国粮食"十一连增"背后的问题及对策建议 [J]. 农村经济, 2016 (02): 3-7.

[51] 罗必良. 农业供给侧改革的关键、难点与方向 [J]. 农村经济,

2017 (01): 1-10.

[52] (美) 赫德森. 美国经济崛起的秘诀 [M]. 贾根良, 等, 译. 北京: 中国人民大学出版社, 2010.

[53] 全世文, 于晓华. 中国农业政策体系及其国际竞争力 [J]. 改革, 2016 (11): 130-138.

[54] 余慧容, 刘黎明. 可持续粮食安全框架下的农业"走出去"路径 [J]. 经济学家, 2017 (5): 84-90.

[55] 李昕. 我国粮食安全与农业结构调整取向: 观照国际经验 [J]. 改革, 2011 (08): 69-76.

[56] 王大为, 蒋和平. 基于农业供给侧结构改革下对我国粮食安全的若干思考 [J]. 经济学家, 2017 (6): 78-87.

[57] 戴化勇, 钟钰. 高库存背景下的粮食安全与政策改革研究 [J]. 农村经济, 2016 (05): 42-45.

[58] 李轩. 重构中国粮食安全的认知维度、监测指标及治理体系 [J]. 国际安全研究, 2015 (03): 68-95.

[59] 王明利. 有效破解粮食安全问题的新思路: 着力发展牧草产业 [J]. 中国农村经济, 2015 (12): 63-74.

[60] 王彦华. 苜蓿皂苷和草粉对断奶仔猪和育肥猪生产性能的影响及其机理研究 [D]. 保定: 河北农业大学, 2007.

[61] 任继周. 我国传统农业不改不行了——粮食九连增后的隐患 [J]. 草业学报, 2013 (03): 1-5.

[62] 张英俊, 任继周, 王明利, 等. 论牧草产业在我国农业产业结构中的地位和发展布局 [J]. 中国农业科技导报, 2013 (04): 20-35.

[63] 孙新华. 再造农业——皖南河镇的政府干预与农业转型 (2007-2014) [D]. 武汉: 华中科技大学, 2015.

[64] 高春保, 佟汉文, 等. 湖北省小麦"十二五"生产进展及"十三五"展望 [J]. 湖北农业科学, 2016 (12): 6373-6376.

[65] 王嫚嫚, 刘颖, 等. 湖北省水稻种植模式结构和比较优势时空变化 [J]. 经济地理, 2017 (08): 137-144.

[66] 杨晓琳．华北平原不同轮作模式节水减排效果评价 [D]．北京：中国农业大学，2015.

[67] Nerlove M. Estimates of the elasticities of supply of selected agricultural commodities [J]. Journal of farm economics , 1956, 38 (2): 350 – 351.

[68] Maurice Schiff and Alberto Valdes. The Political Economy of Agricultural Pricing Policy. Baltimore: Johns Hopkins University Press, 1992.

[69] Luanne Lohr, The Importance of the Conservation Security Act to Us Competitiveness in Global Organic Markets [J]. Conservation Security Act and International Organic Trade, 2001 (5): 3 – 12.

[70] Lilian Ruiz, Harry de Gorter, The Impacts of Export Subsidy Reduction Commitments in the Agreement on Agriculture [C]. The annual meeting of the American Agricultural Economics Association, 2000 (8).

[71] Witzke H, Hausner U. A public choice analysis of U. S. producer price supportin wheat and corn: Implications for agricultural trade and policy [J]. Staff Papers, 1993 (8): 1 – 32.

[72] Kim K, Chavas J P. A dynamic analysis of the effects of a price support program on price dynamics and price volatility [J]. Journal of Agricultural & Resource Economics, 2002, 27 (2): 495 – 514.

[73] Baffes J, Meerman J. From prices to incomes: AgriculturalSubsidization without protection [J]. The World Bank Research Observer, 1998, 13 (2): 191 – 211.

[74] Ray, Daryl, De La Tore Ugakte, Daniel and Tiller, Kelly. Rethink U. S. Agricultural Policy: Changing Course to Secure Farmer Livelihoods Worldwide [J]. Agricultural Policy Analysis Center, the University of Tennessee, 2003 (8).

[75] Teresa Serra, David Zilberman, Barry K Goodwin, and Keijo Hyvonen, Replacement of price support measures by direct payments in agricultural policies [C]. Does this benefit the environment? Selected Paper prepared for presentation at the American Agricultural Economics Association Annual Meeting.

Denver. Colorado, 2004 (7): 1 -4.

[76] Huang C. H. Effects of Government programs on Rice Acreage Decision under Rational Expectations: The Case of Taiwan [J]. American Journal of Agricultural Economics, 1992 (64): 310 - 317.

[77] 王东京. 中国的难题 [M]. 北京: 中国青年出版社, 2006: 61 -64.

[78] 林赟. 论粮食供求与粮食补贴 [D]. 北京: 中共中央党校, 2010.

[79] 刘婷, 曹宝明, 李光泗. 粮食价格垂直传递与市场纵向整合 [J]. 农业技术经济, 2019 (02): 99 - 110.

[80] 王双进. 粮食托市收购的困惑及改革取向 [J]. 经济纵横, 2015 (11): 87 -92.

[81] 张爽. 粮食最低收购价政策对主产区农户供给行为影响的实证研究 [J]. 经济评论, 2013 (01): 130 - 136.

[82] 张建杰. 对粮食最低收购价政策效果的评价 [J]. 经济经纬, 2013 (05): 60 -65.

[83] 程国强. 中国需要新粮食安全观 [N]. 中国财政报, 2015 - 6 -2.

[84] 贺伟. 我国粮食托市收购政策研究 [J]. 中国软科学, 2011 (09): 10 - 17.

[85] 顾利丽, 郭庆海. 玉米收储政策改革及其效应分析 [J]. 农业经济问题, 2017 (07): 72 -79.

[86] 童馨乐, 胡迪, 杨向阳. 粮食最低收购价政策效应评估——以小麦为例 [J]. 农业经济问题, 2019 (09): 85 -94.

[87] 程国强. 我国粮价政策改革的逻辑与思路 [J]. 农业经济问题, 2016 (02): 4 -9.

[88] 李国祥. 深化我国粮食政策性收储制度改革的思考 [J]. 中州学刊, 2017 (07): 31 -37.

[89] 王力, 孙鲁云. 最低收购价政策能稳定粮食价格波动吗 [J]. 农

业技术经济，2019（02）：111－120.

[90] 李娟娟，黎涵，沈淘淘．玉米收储制度改革过后出现的新问题与解决对策［J］．经济纵横，2018（04）：113－118.

[91] 刘慧，秦富，等．玉米收储制度改革进展、成效与推进建议［J］．经济纵横，2018（04）：99－105.

[92] 曹慧，张玉梅，等．粮食最低收购价政策改革思路与影响分析［J］．中国农村经济，2017（11）：33－45.

[93] 周静，曾福生．“变或不变”：粮食最低收购价下调对稻作大户种植结构调整行为的研究［J］．农业经济问题，2019（03）：1－10.

[94] 彭长生，王全忠，等．稻谷最低收购价调整预期对农户生产行为的影响——基于修正的 Nerlove 模型的实证研究［J］．中国农村经济，2019（07）：51－69.

[95] 华树春，钟钰．粮食供给侧改革与保障粮食安全［J］．农村经济，2019（12）：20－25.

[96] 叶兴庆．日本大米支持政策的改革动向及启示［J］．农业经济问题，2017（12）：93－98.

[97] 汤敏．中国农业补贴政策调整优化问题研究［J］．农业经济问题，2017（12）：17－21.

[98] 陈明星．粮食直接补贴的效应分析及政策启示［J］．山东农业大学学报（社会科学版），2007（01）：51－54.

[99] 张伟兵．中国传统有机农业是如何转变为化学农业的？——农业生产方式变迁的危机及其可能的前景［J］．社会科学战线，2017（09）：171－183.

[100] 纪志耿．中国粮食安全问题反思——农村劳动力老龄化与粮食持续增产的悖论［J］．厦门大学学报（哲学社会科学版），2013（02）：38－46.

[101] 廖进球，黄青青．改革开放以来粮食收购价格政策演进轨迹［J］．现代经济探讨，2018（08）：30－37.

[102] 李鹏飞，金光敏，等．我国稻谷供求失衡问题研究［J］．经济纵

横，2018（10）：73－79.

[103] 李国祥．下调小麦稻谷最低收购价旨在更好培育优质优价机制[J]．农经，2018（07）：16－18.

[104] 兰录平．我国粮食最低收购价政策的效应和问题及完善建议[J]．农业现代化研究，2013（09）：513－517.

[105] 刘慧，秦富，等．玉米收储制度改革进展、成效与推进建议[J]．经济纵横，2018（04）：99－105.

[106] 顾莉丽，郭庆海，等．玉米临储价格取消的传导效应及应对建议——来自吉林省的实证分析[J]．价格理论与实践，2016（11）：66－69.

[107] 李丽，朱璐璐．粮食最低收购价和临时收购政策对农民生产积极性的影响研究——基于 Nerlove 模型的实证分析[J]．中国物价，2018（06）：30－33.

[108] 杨正位．粮食收储体制：弊端、经验及改革对策[J]．中国浦东干部学院学报，2017（09）：56－67.

[109] 孔祥智．农业供给侧结构性改革的基本内涵与政策建议[J]．改革，2016（02）：104－115.

[110] 张晓山，刘长全．粮食收储制度改革与去库存[J]．农村经济，2017（07）：1－6.

[111] 郑风田，普莫喆．反思政策性粮食储备体系：目标分解与制度重构[J]．中州学刊，2019（11）：42－48.

[112] 曹宝明，刘婷，虞松波．中国粮食流通体制改革：目标、路径与重启[J]．农业经济问题，2018（12）：33－37.

[113] 赵玉，严威．中国粮食种植面积能对市场作出正确响应吗？——基于面板联立方程的实证[J]．农业经济管理学报，2019（18）：313－324.

[114] 王士春，肖小勇，李崇光．加快稻谷收购市场化改革的思考[J]．农业经济问题，2019（07）：19－27.

[115] 赵霞，韩一军．产粮大省推进农业供给侧结构性改革的困境与建议[J]．经济纵横，2017（11）：84－89.

[116] 陈海江，司伟，王新刚．粮豆轮作补贴：标准测算及差异化补

偿——基于不同积温带下农户受偿意愿的视角 [J]. 农业技术经济, 2019 (06): 17-28.

[117] 侯荣娜, 戴旭宏. 中美贸易战视角下振兴东北地区大豆产业发展的政策选择 [J]. 农村经济, 2019 (12): 26-32.

[118] 李勤志, 王厚俊. 中国油菜生产影响因素分析 [J]. 农业技术经济, 2013 (11): 120-127.

[119] 武舜臣, 王金秋. 粮食收储体制改革与"去库存"影响波及 [J]. 改革, 2017 (06): 86-94.

[120] 普莫喆, 钟钰. 市场化导向下的中国粮食收储制度改革: 新风险及应对举措 [J]. 农业经济问题, 2019 (07): 10-18.

[121] 吕捷, 朱信凯. 中国的粮价上涨在趋稳吗——基于 Nonlinear Regime Switching 模型的研究 [J]. 农业技术经济, 2019 (06): 4-16.

[122] 武舜臣, 蒋文斌, 曹宝明. 基于价格传导视角的"稻强米弱"成因探析: 国际价格冲击抑或产业链传导受阻? [J]. 当代经济科学, 2016 (07): 117-123.

[123] 刘慧, 秦富. 粮食收储制度改革以来东北地区粮食质量提升情况与政策建议 [J]. 经济纵横, 2019 (12): 99-106.

[124] 何蒲明, 魏君英, 贺亚亚. 粮食安全视阈下地力保护补贴问题研究 [J]. 农村经济, 2018 (09): 49-54.

[125] 何蒲明, 魏君英. 农业供给侧改革背景下粮食最低收购价政策改革研究 [J]. 农业现代化研究, 2019 (07): 629-637.

[126] [美] 奥利弗·威廉姆森. 资本主义经济制度——论企业签约与市场签约 [M]. 北京: 商务印书馆, 2002: 99-143.

[127] 黄毅, 邓志英. 中国农地轮作休耕: 制度与实践 [J]. 农业经济, 2018 (01): 12-14.

[128] 倪国华, 郑风田. 粮食安全背景下的生态安全和食品安全 [J]. 中国农村观察, 2012 (04): 52-58.

[129] 王晓蜀, 刘嫦, 蒋旭平. 新疆棉花轮作补贴探讨 [J]. 中国农村经济, 2004 (07): 23-26.

[130] 饶静．发达国家“耕地休养”综述及对中国的启示 [J]．农业技术经济，2016 (09)：118－128.

[131] 朱国峰，李秀成，等．国内外耕地轮作休耕的实践比较及政策启示 [J]．中国农业资源与区划，2018 (06)：35－41.

[132] [美] Ben Goff．美国紫花苜蓿与玉米轮作的效益分析 [J]．冯葆昌，等译．世界农业，2017 (08)：199－201.

[133] 黄国勤，赵其国．江西省耕地轮作休耕现状、问题及对策 [J]．中国生态农业学报，2017 (07)：1002－1007.

[134] 何蒲明，贺志伟，等．基于农业供给侧改革的耕地轮作休耕问题研究 [J]．经济纵横，2017 (07)：88－92.

[135] 陈海江，司伟．粮豆轮作补贴：规模导向与瞄准偏差——基于生态补偿瞄准性视角的分析 [J]．中国农村经济，2019 (01)：47－61.

[136] 王妻琪，陈印，等．东北冷凉区粮豆轮作模式探析 [J]．农业展望，2018 (06)：48－52.

[137] 李鹏飞，金光敏，亢霞．我国稻谷供求失衡问题研究 [J]．经济纵横，2018，(10)：73－79.

[138] 张元红．中国食物自给状况与变化趋势分析 [J]．中国农村经济，2016 (04)：44－54.

[139] 徐雪高．大豆进口连创新高和我国的粮食安全 [J]．现代经济探讨，2013 (10)：58－62.

[140] 辛翔飞，孙致路，王济民．国内外粮价倒挂带来的挑战、机遇及对策建议 [J]．农业经济问题，2018 (03)：15－22.

[141] 周光明．泗县休耕轮作种植模式与传统种植模式效益分析 [J]．农业机械，2014 (05)：97－98.

[142] 潘岩．关于确保国家粮食安全的政策思考 [J]．农业经济问题，2009 (01)：25－28.

[143] 周振亚，罗其友，等．基于节粮潜力的粮食安全战略研究 [J]．中国软科学，2015 (11)：11－16.

[144] 陈立坤，杜丽霞，等．我国牧草种子生产现状分析及产业化发展

建议［J］. 草业与畜牧，2012（10）：46－49.

［145］郑风田．关于推进农业供给侧结构性改革若干问题思考［J］. 价格理论与实践，2016（12）：11－12.

［146］何雄浪，陈锁．农业供给侧结构性改革的深层次探讨［J］. 云南社会科学，2018（02）：117－122.

［147］热比亚·吐尔逊，宋华，等．供应链安全管理、食品认证和绩效的关系［J］. 管理科学，2016（04）：59－68.

［148］倪学志．我国农业“三品”认证制度的发展困境及对策［J］. 经济纵横，2016（03）：41－45.

［149］朱文涛．中国绿色食品产业发展区域异质性及成因研究［J］. 华东经济管理，2017（09）：75－83.

［150］吴理清．番薯在湖州地区的传播与农业体系变动［J］. 农业考古，2012（04）：36－40.

［151］秦炳涛．日本生态农业发展策略探析［J］. 农业经济问题，2015（06）：104－109.

［152］姜百臣，朱桥艳，等．优质食用农产品的消费者支付意愿及其溢价的实验经济学分析——来自供港猪肉的问卷调查［J］. 中国农村经济，2013（02）：23－34.

［153］曹阳．消费者对绿色食品价格与品质的权衡及其对产业升级的影响［J］. 社会科学家，2016（08）：61－65.

［154］章力建，胡育骄．关于农产品质量安全的若干思考［J］. 农业经济问题，2011（05）：60－63.

［155］刘呈庆．绿色品牌发展机制实证研究［D］. 济南：山东大学，2010.

［156］陶启智，李亮，等．转基因作物：“经济”还是革“命”——农业创收与生物安全的权衡［J］. 农村经济，2015（01）：38－43.

［157］张雯丽．供给侧结构性改革背景下油菜产业发展路径选择［J］. 农业经济问题，2017（10）：11－17.

［158］潘文华，许世卫．黑龙江省大豆产业困境与差异化发展战略

[J]. 农业经济问题, 2014 (02): 26 - 33.

[159] 倪学志. 大豆转基因标签制度面临的困境与对策分析 [J]. 中国国情国力, 2016 (06): 49 - 51.

[160] 张晶, 王克. 农产品目标价格改革试点: 例证大豆产业 [J]. 改革, 2016 (07): 38 - 45.

[161] 宣亚南, 崔春晓. 转基因安全管理政策对中国大豆进口贸易的影响分析 [J]. 中国农村经济, 2007 (11): 34 - 44.

[162] 顾莉丽, 郭庆海, 等. 我国玉米收储制度改革的效应及优化研究——对吉林省的个案调查 [J]. 经济纵横, 2018 (4): 106 - 112.

[163] 李娟娟, 黎涵, 等. 玉米收储制度改革后出现的新问题与解决对策 [J]. 经济纵横, 2018 (04): 113 - 118.

[164] 郑祖庭. 低价进口大豆冲击市场 国产大豆如何突出重围 [J]. 中国粮食经济, 2018 (03): 22.

[165] 黄季焜, 王丹, 等. 对实施农产品目标价格政策的思考——基于新疆棉花目标价格改革试点的分析 [J]. 中国农村经济, 2015 (05): 14 - 15.

[166] 农业部农业贸易促进中心课题组. 开放视角下中国大豆产业发展定位及启示 [J]. 中国农村经济, 2013 (08): 40 - 48.

[167] 崔文超, 马文杰, 等. 湖北省油菜托市收购政策取消的影响研究 [J]. 湖北农业科学, 2017 (09): 119 - 125.

[168] 刘宏曼, 郭鉴硕. 基于 Nerlove 模型的我国大豆供给反应实证分析 [J]. 华中农业大学学报, 2017 (06): 44 - 50.

[169] 肖卫东, 杜志雄. 中国大豆产业发展: 主要问题、原因及对策建议 [J]. 全球化, 2019 (05): 105 - 118.

[170] 罗比良. 论服务规模经营——从纵向分工到横向分工及连片专业化 [J]. 中国农村经济, 2017 (11): 2 - 16.

[171] 郑旭芸, 隋博文, 等. 进口贸易视域下国际粮价对国内粮价的传导路径——来自玉米和大豆的证据 [J]. 中国流通经济, 2020 (05): 108 - 119.

[172] [美] 迈克尔·波特. 竞争优势 [M]. 陈小悦, 译. 北京: 华夏出版社, 1997.

[173] 马述忠, 叶宏亮, 等. 基于国内外耕地资源有效供给的中国粮食安全问题研究 [J]. 农业经济问题, 2015 (06): 9-19.

[174] 郭天宝, 李根, 等. 中国大豆出产区利益补偿机制研究 [J]. 农业经济问题, 2016 (01): 26-34.

[175] 倪学志. 食品安全: 从"大监管"到"深治理" [J]. 理论探索, 2017 (06): 85-89.

[176] 高海秀, 王明利, 等. 中国牧草产业发展的历史演进、现实约束与战略选择 [J]. 农业经济问题, 2019 (05): 121-128.

[177] 王明利, 等. 中国牧草产业经济 2012 [M]. 北京: 中国农业出版社, 2013.

[178] 葛继红, 周曙东. 要素市场扭曲是否激发了农业面源污染——以化肥为例 [J]. 农业经济问题, 2012 (03): 92-98.